李阳阳◎著

C++ 设计模式

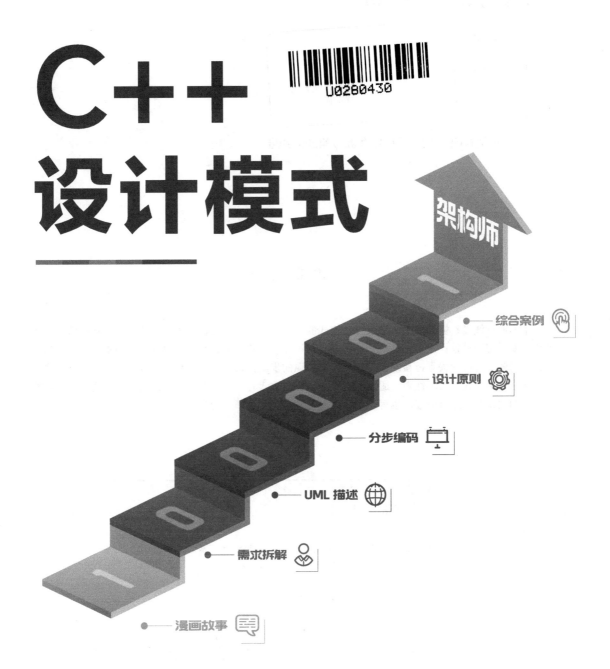

架构师

综合案例

设计原则

分步编码

UML 描述

需求拆解

漫画故事

人民邮电出版社

北京

图书在版编目（CIP）数据

C++设计模式 / 李阳阳著. -- 北京：人民邮电出版社，2024.8
ISBN 978-7-115-60311-1

Ⅰ. ①C… Ⅱ. ①李… Ⅲ. ①C++语言－程序设计
Ⅳ. ①TP312.8

中国版本图书馆CIP数据核字(2022)第200029号

内 容 提 要

　　本书通过浅显易懂的例子来讲解设计模式的知识：首先，介绍设计模式的概念，在什么情况、什么场合下要用哪一种设计模式；然后，通过每一种设计模式的 UML 类图，明确各个小故事里讲解的设计模式中的变量之间的关系，帮助读者理解代码实现的步骤；最后，讲解设计模式之间的联系和区别。

　　本书案例丰富，实用性强，适合有一定 C++基础的读者、求职的本科生或研究生、需要学习架构和重构架构知识的程序员阅读，也可以作为大专院校相关专业师生的参考书和培训学校的教材。

　◆　著　　　　李阳阳
　　　责任编辑　张　涛
　　　责任印制　王　郁　焦志炜
　◆　人民邮电出版社出版发行　　北京市丰台区成寿寺路 11 号
　　　邮编　100164　　电子邮件　315@ptpress.com.cn
　　　网址　https://www.ptpress.com.cn
　　　北京七彩京通数码快印有限公司印刷
　◆　开本：800×1000　1/16
　　　印张：16.75　　　　　　　　　2024 年 8 月第 1 版
　　　字数：364 千字　　　　　　　2025 年 5 月北京第 3 次印刷

定价：79.80 元

读者服务热线：(010)81055410　印装质量热线：(010)81055316
反盗版热线：(010)81055315

前　言

为什么要写本书

我硕士毕业参加工作后，回顾自己求职的历程，求职路上通过的一道道"关卡"历历在目。例如，在应聘华为公司的职位时，面试官问了我工厂模式的问题；在应聘百度公司的职位时，面试官让我写策略模式的范例；在应聘字节跳动公司的职位时，面试官挑出单例模式的问题让我回答……我当时仅对常见的设计模式比较熟悉，被面试官问到陌生的设计模式及设计原则时，由于缺乏相应知识，没能当场回答出来，以至于错失许多好的机会。

目前，国内基于 C++ 编写的设计模式的图书较少。但是，不管是校园招聘还是社会招聘，与 C++ 相关的岗位都很多，例如 SLAM 算法工程师、C++ 开发工程师、游戏开发工程师等。

从我的面试经历来看，凡是与 C++ 相关的岗位的面试，设计模式的考核是必不可少的。求职者若熟悉设计模式，在参加校园招聘面试时会更加从容，这也是一个加分项；在参加社会招聘面试时，求职者若理解并能够运用设计模式，会更加受招聘单位青睐。

因此，为了帮助更多人学习设计模式，我基于市场调研和自己的体会，在工作之余写了一本基于 C++ 介绍设计模式的书。目的是：一方面可以帮助读者学习设计模式的知识；另一方面可以帮助更多求职者，尤其是参加校园招聘和社会招聘的求职者，让他们理解并能够运用设计模式，从而顺利获得心仪的 Offer（职位）。

面向的读者

本书面向的读者：

（1）有一定 C++ 基础的读者；

（2）准备参加校园招聘或者社会招聘的本科生或研究生；

（3）需要学习架构和重构架构知识的软件开发人员或算法工程人员；

（4）大专院校相关专业师生；

（5）培训学校的师生。

本书特色

本书主要有以下特色。

- 本书基于 C++介绍设计模式，对应聘与 C++相关的职位的读者来说，通过本书能快速学习设计模式。
- 在讲解设计模式之前，我会先介绍相关理论知识，再通过趣味性强的故事引出后续代码，代码实现部分会分步骤将故事中对应的设计模式一一展开，"手把手"教读者掌握设计模式的知识。

如何高效利用本书

本书所讲的例子浅显易懂，为了使读者高效学习本书内容，特给出如下学习建议。

首先，读者应了解每一个设计模式的概念。在什么情况、什么场合下用哪一种设计模式？没有应用设计模式的代码是什么样子，用了之后又是什么样子？设计模式带来的好处是什么？带着这些疑问阅读本书，读者对设计模式的理解会更加深刻。

然后，读者可以画出每一种设计模式的 UML 类图，了解各个趣味故事中讲解的设计模式中变量之间的关系，对设计模式代码实现的步骤能够做到心中有数。

最后，读者要能够将设计模式之间的联系和区别提炼出来，针对每种代码至少可以运用两种设计模式实现，并且能够说明每一种实现的目的。

本书约定

小码路与大不点是本书故事中的主人公，本书所有的故事均围绕这两位主人公展开。

思而不罔——本部分归纳 C++设计模式的关键技术，并拓展设计模式的内容，便于读者加深理解。

温故而知新——本部分总结相应章的重点内容，以及通过问题引出下一部分的内容，读者带着问题去学习会更加高效。

联系作者

由于笔者水平有限，书中难免存在不足之处，恳请读者批评指正，以便笔者完善本书。读者可通过以下方式联系到笔者。

- 邮箱：lyy3690@126.com。

- 微信公众号：码出名企路。
- 知乎和哔哩哔哩账号：码出名企路。

感谢

"站在巨人的肩膀上，你可以看得更远"，软件设计模式自被提出至今，经过众多前辈的总结和补充。在前辈知识的基础上，我结合自身工作经历，历时 3 年完成了本书，在此要感谢太多太多的人。

入职小米公司以来，我经历了许多的项目，在开发项目期间得到了许多同事的帮助，感谢我的组长、组内的每一位同事。

感谢我的研究生导师，他带我走进了计算机的世界，他使我领悟到：代码可以改变生活，科技可以使人更加幸福。

感谢张涛，他是我成长路上的指路人，在他的鼓励和帮助下，我成功完成了本书，遇见他是我的幸运。感谢默默付出的人民邮电出版社的编辑们，你们的共同努力和辛苦审核使本书得以顺利出版。

最后，我还要感谢我的亲人、朋友的陪伴和鼓励，祝愿他们永远健康、幸福。

笔者

目　　录

第1章 理论基础

设计模式（Design Pattern）是对设计经验的显式表示。每个设计模式描述了一个反复出现的问题及其解法的核心内容，它命名、抽象并标识了一个通用设计结构的关键部分，使之可用来创建一个可复用的设计。程序员使用设计模式是为了重用代码、让代码更容易被他人理解、保证代码的可靠性和程序的重用性。

在介绍设计模式之前，本章先介绍 C++的核心——类的设计。本章主要讲解类的构造和 UML 类图的组成，引用高焕堂老师提出的 EIT（Engine Interface Tire）造型，最后通过 EIT 造型拼接出设计模式，为读者进行设计模式的学习奠定基础。

1.1 类方法

本章的内容从小码路买的第一辆汽车 DZ 说起。DZ 由引擎提供动力，假设引擎是不会坏的。汽车行驶两年后，轮胎轻微变形，这时小码路想给汽车换一套新的轮胎，于是一个汽车类就产生了。

```cpp
//汽车类
class Car
{
    public:
        Car(string en):engineName(en){}
        void SetCommonEngine(){cout<<"commonEngine is: "<< engineName<<endl
;}
        virtual string SetDiffTire(string tire) = 0;
    protected:
        string engineName;
};
```

DZ 的原装 "miqilin" 轮胎质量相当好。可是小码路买了车之后，生活拮据，所以准备换相对便宜的 "weichai" 轮胎。小码路考虑到两年后又要为 DZ 换轮胎，所以上面程序中提供的轮胎接口 SetDiffTire(string tire) 就显得相当重要了，改写后的程序如下。

```cpp
//DZ 继承自汽车类
class DZ:public Car
{
    public:
        DZ(string en):Car(en){}
```

```
        string SetDiffTire(string tire)
        {
            return tire;
        }
};


Car *car = new DZ("weichai");

car->SetCommonEngine();

cout<<car->SetDiffTire("miqilin")<<endl;
cout<<car->SetDiffTire("weichai")<<endl;
delete car;
```

1.2　类间关系

类图表示的是类与类之间的关系，此种关系通常用 UML（Unified Modeling Language，统一建模语言）表示。类图在软件设计及应用架构前期设计中是不可或缺的一部分，它的主要组成部分包括类名、类方法（也叫成员方法、成员函数）和成员变量，其中类方法包含返回值类型，成员变量包含数据类型，这些组成部分由一个矩形框包围起来。一个 UML 类图的组成部分的完整表达式如下。

[是否可见]　　[成员变量名称/类方法名称]: [数据类型/返回值类型] [＝ 默认值（可选）]
其中部分符号的含义如下。

+：可见（public）。

-：自身可见（private）。

#：继承可见（protected）。

因此前面提到的 Car 类的 UML 类图如图 1-1 所示。

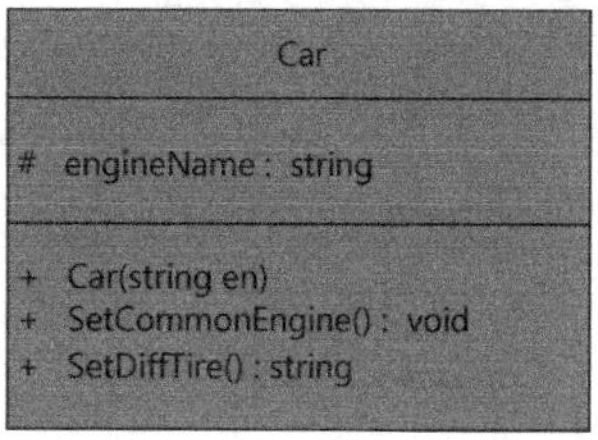

图 1-1 完整表示了一个 UML 类图的组成，汽车类名称 Car 正
上居中；虚接口 SetDiffTire()返回 string 类型参数；公有成员函数

▲图 1-1　Car 类的 UML 类图

SetCommonEngine()无返回值；Car(string en)为自身构造函数；公有成员变量 engineName 的类型是 string。

在软件设计或架构设计中，类通常不是单独存在的，如上文提到的 DZ 类与 Car 类存在继承关系，这里说的继承是一种泛指的关系。之所以说是泛指关系，是因为类之间的关系根据耦合度由强到弱又分为接口实现关系、继承泛化关系、不可分离组合关系、可分离聚合关系、关联关系和依赖关系。下面分别阐述各个类间关系的 UML 类图的表示方式。

1.2.1　接口实现关系

接口实现关系就是派生类必须重写接口中的所有方法，在 UML 类图中用"虚线+空心箭头"表示，其中箭头指向基类。

例如，不同品牌计算机的售价不同，用 UML 类图表示的小米笔记本电脑和华为笔记本电脑各自实现的笔记本电脑类的售价接口如图 1-2 所示。

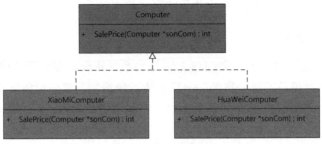

▲图1-2　接口实现关系

图 1-2 说明了接口实现关系的 UML 类图的组成，基类笔记本电脑 Computer 包含一个笔记本电脑售价的公有虚方法 SalePrice(Computer*sonCom)；小米笔记本电脑类 XiaoMiComputer 和华为笔记本电脑类 HuaWeiComputer 均继承基类 Computer，并实现各自的具体售价接口 SalePrice(Computer *sonCom)，返回 int 类型的笔记本电脑售价参数，完成接口的实现。

注：函数有时也称为方法。

1.2.2　继承泛化关系

继承泛化关系就是常说的继承关系，派生类继承基类，基类被看作"一般设计"，派生类被看作"特殊设计"，因此继承泛化关系也被看作一般与特殊的关系，在 UML 类图中用"实线+实心箭头"表示，其中箭头指向基类。

例如，动物类会走路、吃东西和发声，猫类和狗类继承动物类，猫类会爬树而狗类会看门，并且它们发声的方式也不一样。用 UML 类图表示的动物类、猫类和狗类的关系如图 1-3 所示。

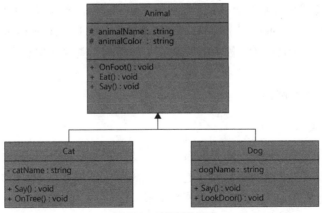

▲图1-3　继承泛化关系

图 1-3 说明了继承泛化关系的 UML 类图的组成，基类动物类 Animal 含有保护（protected）类型的成员变量 animalName 和 animalColor，走路方法 OnFoot() 和吃东西方法 Eat() 是动物的共性，不同的发声方式 Say() 被定义为虚接口。派生类猫类 Cat 和狗类 Dog 继承自动物类 Animal，

实现具体的 Say() 方法；并且 Cat 类有自身独有的爬树方法 OnTree()，Dog 类有自身独有的看门方法 LookDoor()，这样就完成了继承并且实现了扩展的功能。

1.2.3　不可分离组合关系

不可分离组合关系可以用整体和部分之间的关系来解释，部分是不能脱离整体单独存在的。部分对象与整体对象是不可分离的，一旦整体对象析构，部分对象就会随之消失，它们属于同一个生命周期。不可分离组合关系在 UML 类图中用"实线+实心菱形"表示，其中实心菱形指向整体。

例如，一个人的身体包含脚部、手部和头部等，各个部分实现各自的功能，但各个部分又不能脱离身体而单独存在，用 UML 类图表示的身体类、脚部类、头部类、手部类的关系如图 1-4 所示。

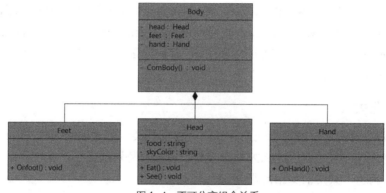

▲图 1-4　不可分离组合关系

图 1-4 说明了不可分离组合关系的 UML 类图的组成，整体身体类 Body 由私有成员变量头部类对象 Head、脚部类对象 Feet、手部类对象 Hand 和私有成员方法 ComBody() 组成；脚部类 Feet 实现走路方法 Onfoot()，头部类 Head 实现吃饭方法 Eat() 和观察世界方法 See()，手部类 Hand 实现操作方法 OnHand()。各个部分对象不能独立于整体对象存在，部分与整体是一种不可分离的组合关系。

注：类对象是类的实例。

1.2.4　可分离聚合关系

可分离聚合关系也可以说成是整体与部分的关系，它与不可分离组合关系的区别是，这种整体与部分是可以分离的，也就是说部分是可以脱离整体单独存在的。UML 类图中用"实线+空心菱形"表示这种关系，其中空心菱形指向整体。

例如，一所学校中有教师和学生，教师和学生都是可以作为个体存在的，用 UML 类图表示的学校类、教师类、学生类的关系如图 1-5 所示。

图 1-5 说明了可分离聚合关系的 UML 类图的组成，学校类 School 包含私有成员变量教师类对象集合 set<Teacher>、学生类对象集合 list<Student>，公有成员方法招聘教师方法

RecruitedTeacher (set<Teacher>)、学生考试方法 ExamStudent(list<Student>)等。教师类 Teacher 含有教书方法 Teach()，学生类 Student 含有学习方法 Study()和玩耍方法 Play()。值得注意的是，部分是可以单独存在的，部分可以脱离整体，这种关系为可分离聚合关系。

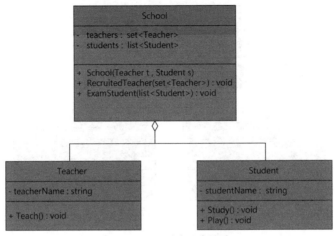

▲图1-5　可分离聚合关系

1.2.5　关联关系

关联关系顾名思义就是一个类与另一个类在对象之间的联系，联系可以是双向的，也可以是单向的。在 UML 类图中，双向关联关系用没有箭头的实线表示，单向关联关系用"实线+箭头"表示，箭头指向被关联的类。

例如，医生与病人之间的关系，个体与自身手机号、身份证号之间的关系。在代码中，将一个类的对象作为另一个类的成员变量来达到两者关联的目的。

其中，医生与病人双向关联关系的 UML 类图如图 1-6 所示。

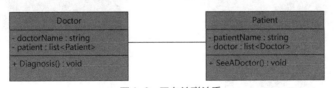

▲图1-6　双向关联关系

图 1-6 说明了双向关联关系的 UML 类图的组成，医生类 Doctor 和病人类 Patient 为双向关联，医生类 Doctor 包含私有成员变量病人类对象集合 list<Patient>、医生姓名 doctorName 和公有类方法医生诊断方法 Diagnosis()；病人类 Patient 包含私有成员变量医生类对象集合 list<Doctor>、病人姓名 patientName 和公有类方法病人看病方法 SeeADoctor()；Doctor 类和 Patient 类分别包含对方的类对象作为成员变量，从而实现双向关联关系。

其中，个体与手机号、身份证号单向关联关系的 UML 类图如图 1-7 所示。

图 1-7 说明了单向关联关系的 UML 类图的组成，个体类 People 包含手机号类 Phone 和身

份证号类 Identity 这两个私有成员变量；People 类实现个体标志方法 IdPeople()，Phone 类实现设定手机号方法 SetPhoneNum(int* pn)，Identity 类实现设定身份证号方法 SetIdNum(int* in)；People 类指向 Phone 类和 Identity 类，实现了一种单向的关联关系。

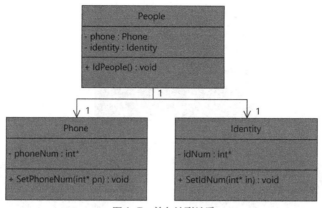

▲图 1-7　单向关联关系

1.2.6　依赖关系

只有在一个类依赖另一个类中的方法时才存在依赖关系，一般将类作为参数传递，通过对方法的调用实现一个类访问另一个类的功能。在 UML 类图中，使用带箭头的虚线表示这类关系，箭头指向被依赖的类。

例如，同事之间通过邮件进行工作交流，用 UML 类图表示的同事类、邮件类的关系如图 1-8 所示。

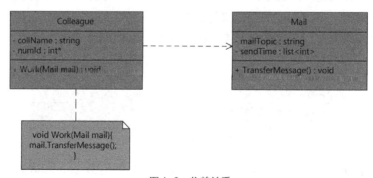

▲图 1-8　依赖关系

图 1-8 说明了依赖关系的 UML 类图的组成，同事类 Colleague 由私有成员变量同事名称 collName、同事工号 numId 和工作方法 Work(Mail mail)组成，其中 Work(Mail mail)中的形参是依赖关系实现的关键；邮件类 Mail 包含私有成员变量邮件主题 mailTopic 和发送时间 sendTime，并且实现发送消息方法 TransferMessage()；Colleague 类中的 Work(Mail mail)方法完成对 TransferMessage()的调用，Colleague 类只有依赖 Mail 类才能工作。

1.3 EIT 造型

EIT 造型是高焕堂老师在讲解 Android 架构时提到的一种用于表述类与类之间关系纽带的概念，这种纽带把本无关系的单个类变成了联系密切的"亲戚"。

1.3.1 EIT 是什么

从类方法与 UML 类图中可以抽离出一个标准模板，暂且称这个标准模板为公式。只要有公式，就能很好地理解自变量与因变量之间的关系。

例如，力矩与力臂的关系公式 $M = FL$，可以理解为力臂（L）一定的时候，力（F）越大，力矩（M）越大；又如，力与加速度的关系公式 $F = ma$，可以理解为物体加速度（a）跟作用力（F）成正比，跟物体的质量（m）成反比，且与物体质量的倒数成正比。

把这种自变量与因变量之间的关系应用于软件设计，是否也能找到一种类似的"公式"，以便我们理解代码与框架之间是如何"沟通"的呢？答案是肯定的，这就是高焕堂老师讲解 Android 架构时提出的 EIT 造型，这种造型也是代码设计时用的一种标准"公式"。

EIT 造型由以下 3 部分组成。

E：Engine，即引擎，基类。I：Interface，即接口。T：Tire，即轮胎，派生类。

引擎通过接口驱动轮胎带动整辆车往前行驶，EIT 造型的形象表示如图 1-9 所示。

图 1-9 形象地描述了 EIT 造型的 3 种组成部分之间的关系，中间的接口 I 用以联系引擎 E 和轮胎 T，应用在软件设计中，则是基类 E 和派生类 T 之间的联系通过接口 I 来实现。

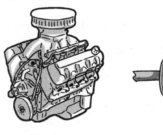

Engine　　**Interface**　　**Tire**

▲图 1-9　EIT 造型

1.3.2 程序应用

EIT 造型迁移到编程实践中，E 是基类、I 是接口、T 是派生类，应用到 1.1 节的 Car 类的案例中，Car 是 E、SetDiffTire(string tire)是 I、DZ 是 T，用 UML 类图表示的 EIT 造型如图 1-10 所示。

图 1-10 说明了 EIT 造型的程序应用，基类 Car 是 EIT 造型中的 E，基类中的虚方法 SetDiffTire (string tire)是 EIT 造型中的 I，派生类 DZ 是 EIT 造型中的 T，派生类实现具体的 SetDiffTire(string tire)（接口 I）。

图 1-10 中，Car 与 DZ 紧耦合，在软件设计中可以继续优化，将 Car 与 DZ 分离（解耦），增加一个接口类 SetTireInterface，在 Car 类中实现安装不同轮胎的方法 DiffTire()；各个派生类继承接口类，例如，DZInterface 派生类继承自接口类 SetTireInterface，DZInterface 派生类"安装"符合自身应用需求的 Tire，具体代码如下。

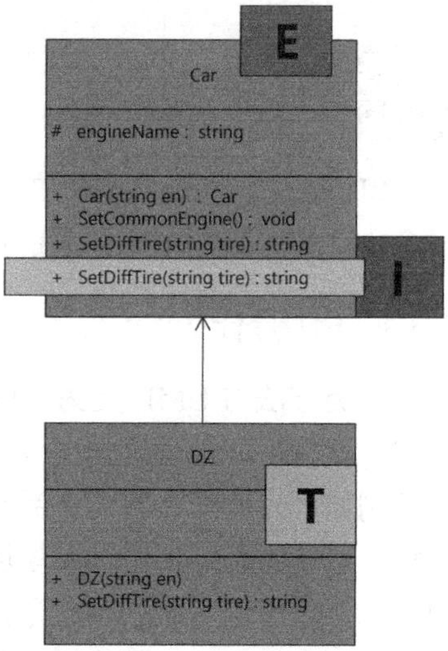

```
//新增接口类
class SetTireInterface
{
    public:
        SetTireInterface(string tn):m_tireName(tn){}
        virtual string SetDiffTire() = 0;
    protected:
        string m_tireName;
};
//新增接口派生类
class DZInterface:public SetTireInterface
{
    public:
        DZInterface(string tn):SetTireInterface
        (tn){}
        string SetDiffTire()
        {
            return m_tireName;
        }
};
//Car 与 DZ 解耦
class Car
{
    public:
        Car(string en):engineName(en)
        {
            m_Interface = new DZInterface("miqilin");
        }
        void SetCommonEngine()
        {
            cout<<"commonEngine is: "<< engineName<<endl;
        }
        void DiffTire()
        {

            cout<<m_Interface->SetDiffTire()<<endl;
        }
    protected:
        string engineName;
        SetTireInterface* m_Interface;
};
//客户端主程序
int main()
{
    Car *car = new Car("weichai");

    car->SetCommonEngine();
    car->DiffTire();
    delete car;
}
```

▲图 1-10 EIT 造型的程序应用

1.3.3 优化设计

1.3.2 小节中对最初的 Car 类进行了设计，并且完成了对应的代码，根据 1.3.2 小节代码中的各个类的组成及类间关系，绘制优化设计后的 EIT 造型的 UML 类图，如图 1-11 所示。

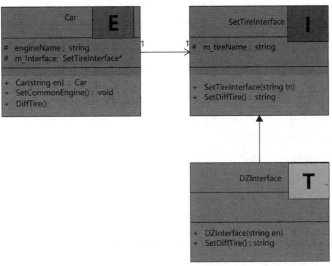

▲图 1-11 优化后的 EIT 造型

与图 1-10 相比，优化后的 EIT 造型多了一个接口类对象 SetTireInterface（EIT 中的 I），这个接口类对象替代了原来的接口方法 SetDiffTire(string tire)；EIT 中的 E 和 T 保持不变，并且在 E 的 Car 对象中包含接口类对象 SetTireInterface 的成员变量，Car 对象中的接口类对象 SetTireInterface 在构造 Car 对象的同时被赋值为 m_Interface，并且在调用 Car 对象的 DiffTire() 方法中完成对 SetDiffTire() 的间接控制。

但是，这个优化后的 SetTireInterface 与 DZInterface 仍然存在继承泛化关系，能否将两者改成关联关系呢？这里考虑将接口及派生类分离成两个独立类，整个流程代码完善后的结果如下。

```cpp
#include <iostream>
#include <cstring>
#include <algorithm>

using namespace std;

class SetTireInterface;
//派生类 DZ 对象
class DZ
{
    public:
        DZ(){}
        void SetDiffTire(string tire)
        {
            cout<<"setDiffTire is: "<<tire<<endl;;
        }
};
//派生类对象独立于接口类
```

```cpp
class SetTireInterface
{
    public:
        SetTireInterface()
        {
            m_dzInterface = new DZ();
        }
        void EnableSetDiffTire(string tire)
        {
            m_dzInterface->SetDiffTire(tire);
        }
    protected:
        DZ* m_dzInterface;
};
//Car 类与接口单向关联
class Car
{
    public:
        Car(string en):engineName(en)
        {
            m_Interface = new SetTireInterface();
        }
        void SetCommonEngine()
        {
            cout<<"commonEngine is: "<< engineName<<endl;
        }
        void DiffTire(string tire)
        {

            m_Interface->EnableSetDiffTire(tire);
        }
    protected:
        string engineName;
        SetTireInterface* m_Interface;
};
//客户端主程序
int main()
{
    Car *car = new Car("weichai");

    car->SetCommonEngine();
    car->DiffTire("miqilin");
    delete car;
}
```

　　去除继承泛化关系后的优化方案的代码如上，根据以上代码绘制的 UML 类图如图 1-12 所示。

　　图 1-12 说明了再次优化后由继承泛化关系变成关联关系的 EIT 造型的组成，Car 对象与 SetTireInterface 对象为单向关联关系，Car 对象包含 SetTireInterface 对象的成员变量，成员函数与图 1-11 保持一致；DZ 对象与 SetTireInterface 对象为双向关联关系，DZ 对象包含 SetTireInterface 对象的成员变量，SetTireInterface 对象包含 DZ 对象的成员变量，SetTireInterface 对象的成员方法 EnableSetTireInterface(string tire)中完成对 SetDiffTire(string tire)的关联控制。

图 1-12 中，Car、SetTireInterface、DZ 之间的关联替代图 1-11 中 SetTireInterface 与 DZInterface 之间的继承泛化，使 SetTireInterface 与 DZ 实现解耦，方便后续开发者对程序进行扩展和维护，实现可靠、完美的软件设计。

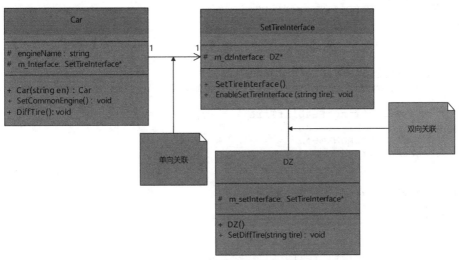

▲图 1-12　关联关系的 EIT 造型

1.4　组合设计模式

1.1 节中讲解的类方法表明了类内的关系，1.2 节中讲解的 UML 类图描述了类与类之间的关系，将其抽象成一个固定公式，即 1.3 节中讲解的 EIT 造型。EIT 造型通过对 UML 类图中各个关系的排列组合与应用，实现软件基本架构的搭建与设计。

软件架构设计的基础就是抽离出公共部分进行复用，作为 E；最主要的工作就是设计出接口，作为 I；最后设计出可更换的 T。两个或两个以上 EIT 造型组合就成了组合设计模式。从图 1-13 可以清晰地看出类与类、类与 EIT 造型、EIT 造型与 EIT 造型等之间的进阶关系。

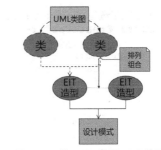

▲图 1-13　类、UML 类图、EIT 造型之间的关系

图 1-13 说明了类、UML 类图、EIT 造型之间的关系，类对象与类对象之间是通过 UML 类图进行组合、继承、关联或依赖的，类对象加上接口方法构成了 EIT 造型，各个 EIT 造型之间的排列组合构成了组合设计模式。将这种类、UML 类图、EIT 造型之间按层次递进的关系呈现出来，可使读者更容易理解组合设计模式的由来和组成，这三者是设计模式理论基础的核心，介绍它们之间的关系可为组合设计模式的展开说明奠定基础。

将组合设计模式的思想应用到 1.1 节介绍的类方法中，Car 类与 DZ 类构成一个 EIT1 造型，其中 SetDiffTire() 传参改为 Car 类的成员变量，代码设计如下。

```cpp
#include <iostream>
#include <cstring>
#include <algorithm>

using namespace std;
//EIT1 造型: Car、SetDiffTire()和 DZ
class Car
{
    public:
        Car(){}
        Car(string en):engineName(en){}
        void SetCommonEngine(){cout<<"commonEngine is: "<< engineName<<endl
;}
        virtual string SetDiffTire() = 0;
    public:
        string engineName;
        string tireName;
};

class DZ:public Car
{
    public:
        DZ():Car(){}
        DZ(string en):Car(en){}
        string SetDiffTire()
        {
            return tireName;
        }
};
```

不同种类的汽车轮胎由固定的工厂进行加工制造，例如，"miqilin"轮胎有自己的"miqilin"工厂，工厂加工出轮胎后，应用在小码路购买的 DZ 品牌汽车上。同理，轮胎工厂和"miqilin"轮胎工厂组成一个 EIT2 造型，代码设计如下。

```cpp
//EIT2 造型 CreateCarTire、ReturnCarName()和 MQLTireFactory
class CreateCarTire
{
    public:
        Car* ProductCar()
        {
            return ReturnCarName();
        }
        virtual Car* ReturnCarName()=0;
};

class MQLTireFactory:public CreateCarTire
{
    public:
        Car* ReturnCarName()
        {
            Car *car = new DZ();
            return car;
        }
};
```

　　如图 1-13 所示，将不同的 EIT 造型组合在一起可以得到软件的基本架构，本案例中将 EIT1 造型与 EIT2 造型关联在一起，EIT1 造型通过构造 Car 对象，调用 SetCommonEngine()方法输出轮胎类型，EIT2 造型通过构造 CreateCarTire 对象，设定 CreateCarTire 的轮胎名称 tireName，最终调用 SetDiffTire()方法实现 "DZ 使用 miqilin 轮胎" 的过程，客户端主程序如下。

```
//客户端主程序
int main()
{
    Car *car = new DZ("weichai");

    car->SetCommonEngine();

    CreateCarTire* createCarTire = new MQLTireFactory();
    Car *carSetTire = createCarTire->ProductCar();
    carSetTire->tireName = "miqilin";
    cout<<carSetTire->SetDiffTire()<<endl;
    delete car;
}
```

　　根据以上设计流程，将两个或两个以上的 EIT 造型以不同的方式组合在一起，形成了组合设计模式。EIT1 造型和 EIT2 造型组合构成的设计模式的 UML 类图如图 1-14 所示。

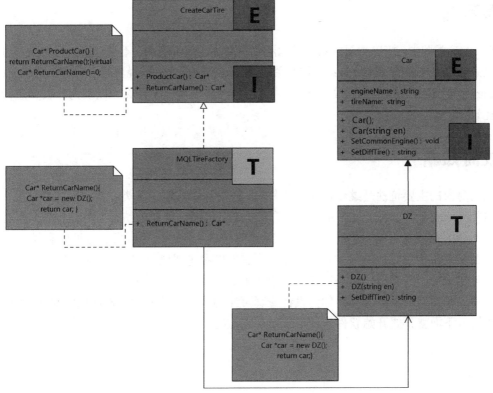

▲图 1-14　EIT 造型组合构成的设计模式的 UML 类图

图 1-14 说明了 EIT 造型组合构成组合设计模式的过程，EIT1 造型由类对象 Car、接口方法 SetDiffTire()、类对象 DZ 组成，Car 类包含公有成员变量引擎名称 engineName 和轮胎名称 tireName、两个类构造函数 Car()和 Car(string en)、公有的引擎方法 SetCommonEngine()，DZ 类实现具体的 SetDiffTire()方法；EIT2 造型由类对象 CreateCarTire、接口方法 ReturnCarName()、类对象 MQLTireFactory 组成，CreateCarTire 类包含公有成员生产汽车方法 ProductCar()，MQLTireFactory 类实现具体的 ReturnCarName()。图 1-14 展现了组合设计模式的构成部分，是后续讲解设计原则和设计模式的基础和关键。

1.5　总结

本章介绍了设计模式的基本理论知识。对类方法的介绍，可以让读者回想起 C++设计的核心思想是面向对象；对 UML 类图的详细讲解，可以让读者明白类与类之间的关系，用这些关系将类组合成 EIT 造型，进而设计出符合开发者或程序维护者需求的设计模式。设计模式的最终应用正是发挥面向对象优势的最佳体现，读者掌握了本章的基本知识，学习后续的设计原则和设计模式将事半功倍。

思而不罔

在 UML 类图中，接口实现关系和继承泛化关系是比较常用的，不可分离组合关系和可分离聚合关系是难以区分的，关联关系和依赖关系又是紧密相连的，请说出这 3 对关系之间的区别。

Car 类的设计总共经历了 3 次优化，请说出每次具体优化了什么，以及为什么要进行这样的优化设计。

温故而知新

面向对象的主要特性是继承、封装与多态，这些特性都建立在类方法实现的基础上，只有通过对类方法的不断改造、类关系的不断升级，才可将面向对象的特性发挥到极致。面对同一需求，不同的开发者可能会给出不同的实现方案，如何设计一套可靠、可扩展和易维护的框架？本章的逐步优化设计给开发者提供了一个良好的参考思路。框架设计的改进其实已经体现出了设计模式应用的雏形，这是后续内容中的重点。

如何发挥面向对象的优势？如何设计一套可靠的框架？掌握六大设计原则和 23 种设计模式是关键。下面就正式开始软件设计模式学习之旅吧！

第2章　六大设计原则

设计原则是指在软件设计中应当遵守的规则，是程序员开始学习设计模式前必须掌握的知识，程序员只有熟悉了基本的设计原则，才能设计出易于维护和扩展的软件架构。

设计原则是在软件设计中必须考虑的要素。本章针对软件设计的六大设计原则展开详细讨论，用通俗易懂的语言给读者讲清楚设计原则的原理，用实际生活中的问题和相应的解决方案为读者提供程序设计参考。本章将要介绍的六大设计原则和其对应的实际案例如图2-1所示。

▲图 2-1　六大设计原则和其对应的实际案例

图2-1描述了本章将要讲述的六大设计原则以及每种设计原则对应的实际案例。将设计原则理论知识付诸实践，对提高学习的效率可以起到事半功倍的作用。

2.1　开闭原则——服装店打折

开闭原则即开放和闭合原则，是软件设计中首先要考虑的原则。什么情况下需要"开放设计"？什么情况下需要"闭合设计"？在软件设计中，开放和闭合又是相对于什么来讲的？获得这些问题的答案是读者学习本节的重要目标，下面就用生活中服装店打折的实例为读者揭开谜底。

2.1.1　多扩展、少修改

不同的软件设计场合必然有不同的设计规则，"开闭"是针对软件设计的扩展和修改来说的。良好的代码设计完成之后，一般是不允许修改的，程序员若要为软件增加新的功能，只能在原来软件设计的基础上进行扩展，这就是"扩展开放、修改封闭"。下面就用书面语和大白话分别说明开闭原则。

（1）用书面语讲开闭原则

开闭原则是针对软件中的对象来说的，如程序中常见的类、模块、函数等，对于扩展类中的方法是开放的，但是对于修改类函数是封闭的。这种原则是指可以在不修改原有框架的情况下实现程序不同的行为方法，即可以通过增加新的方法来实现功能的扩展，却不可以修改原有的方法。

（2）用大白话讲开闭原则

试着想一想，若工作中我们需要做一个软件系统，如图书馆系统、银行系统等，接到这个开发需求后，我们就开始程序设计。但是在开发的过程中，产品经理经常更改产品需求，不可能需求一变，我们就把以前编写的代码删除或重写。所以，程序员在刚开始开发的时候，就要考虑面对时常变换的需求时，怎么去设计才可以保持整体框架稳定。要在需求变化时尽可能不改动原有代码，做到修改程序中的一个模块而不影响其他模块，那么"多扩展、少修改"的思想是最合适的。

关键词：类模块、多扩展、少修改。

2.1.2　兼容性的考量

"多扩展、少修改"是开闭原则的核心思想，这种思想也体现了软件开发者对设计框架向后兼容的考量。

（1）核心思想

程序中使用的类设计一旦完成，就不允许修改，当新需求到来时，在原有程序基础上增加一些新类即可实现新需求，而不用改变原有代码。

（2）设计优点

① 程序中原有的类设计不会变动，整体框架保留，不做无用功。

② 能够保持原有代码的通用性和向后兼容性。

2.1.3　季节变换后的服装销售

开闭原则在软件设计中的应用是首要的，程序员将"多扩展、少修改"思想应用在代码设计初期，会给整个开发项目节省很多人力，提高开发效率。本小节将要讲解的"季节变换后的服装销售"是开闭原则的应用的良好体现。

（1）主题——服装店打折

小码路毕业后经营了一家"开闭服装店"，如图 2-2 所示。

"开闭服装店"的经营模式是这样的：夏天销售 T 恤；秋装上市的同时，对 T 恤进行打折出售。请使用开闭原则设计本店经营模式的软件架构。

▲图 2-2 开闭服装店

（2）设计——季节变化的烦恼

在服装店成立之初，小码路设计了一套"服装销售"的软件架构，这套架构涵盖创业初期销售 T 恤的整个流程，并没有考虑后续天气变化导致 T 恤打折的情况，或者新增服装带来的影响。但是，很多产品的供应会随着季节、天气的变化而变化，对小码路经营的服装店造成了一定的冲击。如何摆脱天气变化带来的烦恼，以及应对不同季节对服装销售的影响呢？

这些问题可以使用开闭原则进行解决。

小码路刚刚学习了开闭原则的设计思路，于是就按照这个思路写了如下设计步骤。

第一步：开闭原则的核心思想是"多扩展、少修改"，这就要考虑软件设计初期的不变性，变化的是初期设计的扩展性。

第二步：设计销售服装的基类，T 恤类和秋季服装类是其直接的派生类，T 恤是创业初期主要销售的服装，这个派生类可以被看作最初的软件设计架构。

第三步：秋季天气变凉，在派生类 T 恤类的基础上，继续增加派生类打折 T 恤类，这样在保证 T 恤类不变的情况下，扩展了 T 恤的打折销售功能；同时，在派生类秋季服装类的基础上继续派生出秋季卫衣类，完成卫衣销售功能的扩展。

第四步：引入软件设计的入口，设计一个"服装批发地类"，这个类进行客户端的调用，实现整个软件流程。

随后，小码路利用第 1 章学习的理论知识画出了整个软件设计流程的 UML 类图，如图 2-3 所示。

图 2-3 中明确了解决服装销售问题的具体程序设计清单，这个程序设计清单主要包括如下内容。

① 创业初期的软件基本框架。虚基类 Clothes、直接派生类 SkirtClothes 和虚基类 Clothes、直接派生类 AutumnClothes 分别构成两个 EIT 造型。其中派生类 SkirtClothes 具体实现基类 Clothes 的虚接口函数 getClothesName() 和 getClothesPrice()；派生类 AutumnClothes 在继承基类虚接口的同时，自身声明另外一个虚接口 getAutumnClothesKinds()，用来获取秋季销售的服装种类。

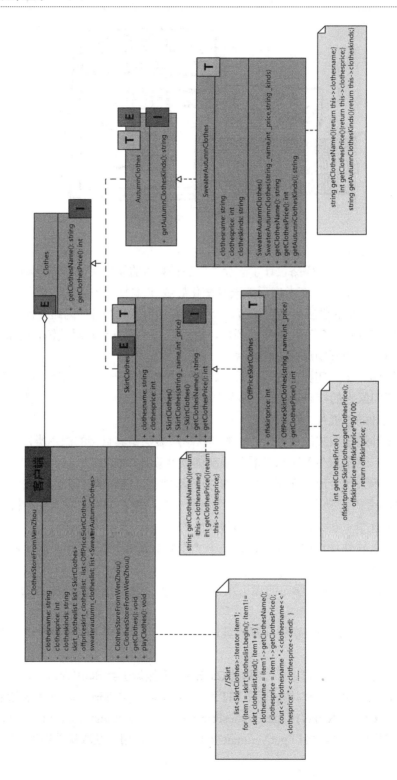

▲图 2-3 整个软件设计流程的 UML 类图

② 对创业初期框架的扩展。保持①中基本框架不变，增加打折 T 恤类 OffPriceSkirtClothes 和秋季卫衣类 SweaterAutumnClothes。其中 OffPriceSkirtClothes 类继承自 SkirtClothes 类，并且与其构成一个新的 EIT 造型，SkirtClothes 作为上一级 EIT 造型的 T、作为下一级 EIT 造型的 E。SweaterAutumnClothes 与 OffPriceSkirtClothes 类似，不同的是，SweaterAutumnClothes 类完全实现基类 AutumnClothes 和上一级基类 Clothes 的虚方法。

③ 软件设计流程的入口。ClothesStoreFromWenZhou 类是客户端的入口，其成员变量 list<SkirtClothes>、list<OffPriceSkirtClothes>、list<SweaterAutumnClothes>是客户端实现服装销售的整个软件流程的核心，也是调用自身类方法的开始。

2.1.4 服装打折中的开闭原则

2.1.3 小节已经完整描述了服装销售的步骤和 UML 类图，其中关键的类和类对应的方法也已经确定，接下来就是根据以上思路进行编程了。只要有了思路，编程是轻而易举的。为了让读者真正掌握一套程序设计的方法，在程序设计中真正做到开闭结合，下面分步来实现服装店打折的框架设计。

第一步：设计接口基类 Clothes，声明派生类需要实现的虚方法。

```cpp
#pragma once
#include <iostream>
using namespace std;
#include <cstring>

class Clothes
{
    public:
        //服装名称
        virtual string getClothesName()=0;
        //服装价格
        virtual int getClothesPrice()=0;
};
```

第二步：设计派生类 SkirtClothes，并实现基类接口。

```cpp
#include "clothes.h"

//SkirtClothes 派生类
class SkirtClothes:public Clothes
{
    public:
        SkirtClothes(){}
        SkirtClothes(string _name, int _price)
        {
            this->clothesname = _name;
            this->clothesprice = _price;
        }

        ~SkirtClothes(){}
```

```
        //对基类接口函数的实现
        string getClothesName(){return this->clothesname;}
        int getClothesPrice(){return this->clothesprice;}

    public:
        string clothesname;
        int clothesprice;
};
```

第三步：设计 T 恤打折后的派生类 OffPriceSkirtClothes。

```
#include "skirtclothes.h"

//OffPriceSkirtClothes 派生类
class OffPriceSkirtClothes:public SkirtClothes
{
    public:
        //不能用初始化列表的方式（派生类不能初始化基类中的成员变量）
        OffPriceSkirtClothes(string _name, int _price)
        {
            this->clothesname = _name;
            this->clothesprice = _price;
        }
        //重写覆盖基类的实现
        int getClothesPrice()
        {

            offskirtprice=SkirtClothes::getClothesPrice();
            offskirtprice=offskirtprice*90/100;
            return offskirtprice;
        }
    private:
        int offskirtprice;
};
```

第四步：新增秋季服装类 AutumnClothes，并声明自身类的虚接口。

```
#include "clothes.h"

//新增秋季服装类 AutumnClothes 及接口方法
class AutumnClothes:public Clothes
{
    public:
        //AutumnClothes 包含服装种类方法
        virtual string getAutumnClothesKinds()=0;
};
```

第五步：新增派生类 SweaterAutumnClothes，实现 Clothes、AutumnClothes 的虚方法。

```
#include "autumnclothes.h"

//新增派生类 SweaterAutumnClothes，继承自 AutumnClothes
class SweaterAutumnClothes:public AutumnClothes
{
    public:
```

```
        SweaterAutumnClothes(){}
        SweaterAutumnClothes(string _name, int _price, string _kinds)
        {
            this->clothesname = _name;
            this->clothesprice = _price;
            this->clotheskinds = _kinds;
        }

        //对基类接口函数的实现
        string getClothesName(){return this->clothesname;}
        int getClothesPrice(){return this->clothesprice;}
        string getAutumnClothesKinds(){return this->clotheskinds;}

    public:
        string clothesname;
        int clothesprice;
        string clotheskinds;
};
```

第六步：设计客户端调用类函数，遵循开闭原则。

```
#include "offpriceskirtclothes.h"
#include "sweaterautumnclothes.h"
#include <list>
//一个管理所有服装类的集合
class ClothesStoreFromWenZhou
{
    public:
        ClothesStoreFromWenZhou(){}
        ~ClothesStoreFromWenZhou(){}
        //获取服装类集合
        void getClothes()
        {
            for (int i=0;i<3;i++)
            {
                skirt_clotheslist.push_back(b1[i]);
                offpriceskirt_clotheslist.push_back(b2[i]);
                sweaterautumn_clotheslist.push_back(b3[i]);
            }
        }
        //服装销售
        void playClothes()
        {
            //Skirt
            list<SkirtClothes>::iterator item1;
            for (item1= skirt_clotheslist.begin(); item1!=
            skirt_clotheslist.end(); item1++)
            {
                clothesname = item1->getClothesName();
                clothesprice = item1->getClothesPrice();
                cout<<"clothesname "<<clothesname<<" clothesprice: "<<
                clothesprice<<endl;
            }
```

```
                    //OffPriceSkirt
                    list<OffPriceSkirtClothes>::iterator item2;
                    for (item2= offpriceskirt_clotheslist.begin();
                    item2!=offpriceskirt_clotheslist.end(); item2++)
                    {
                        clothesname = item2->getClothesName();
                        clothesprice = item2->getClothesPrice();
                        cout<<"clothesname "<<clothesname<<" clothesprice: "<<
                        clothesprice<<endl;
                    }

                    //AutumnClothes
                    list<SweaterAutumnClothes>::iterator item3;
                    for (item3= sweaterautumn_clotheslist.begin();
                    item3!=sweaterautumn_clotheslist.end(); item3++)
                    {
                        clothesname = item3->getClothesName();
                        clothesprice = item3->getClothesPrice();
                        clotheskinds = item3->getAutumnClothesKinds();
                        cout<<"clothesname "<<clothesname<<" clothesprice: "<<
                        clothesprice<<" clotheskinds "<<clotheskinds<<endl;
                    }

                }

    private:
            string clothesname;
            int clothesprice;

            //各类服装的定义及定价
            list<SkirtClothes> skirt_clotheslist;
            SkirtClothes b1[3]={
                SkirtClothes("男士 Skirt",200),
                SkirtClothes("女士 Skirt",600),
                SkirtClothes("小孩 Skirt",100)
            };

            list<OffPriceSkirtClothes> offpriceskirt_clotheslist;
            OffPriceSkirtClothes b2[3]={
                OffPriceSkirtClothes("男士 Skirt",200),
                OffPriceSkirtClothes("女士 Skirt",600),
                OffPriceSkirtClothes("小孩 Skirt",100)
            };
            string clotheskinds;
            list<SweaterAutumnClothes> sweaterautumn_clotheslist;
            SweaterAutumnClothes b3[3]={
                SweaterAutumnClothes("阿迪达斯 Sweater",500,"Sweater"),
                SweaterAutumnClothes("李宁 Sweater",600,"Sweater"),
                SweaterAutumnClothes("优衣库 Sweater",300,"Sweater")
            };
};

int main()
{
    ClothesStoreFromWenzhou clothesfromwz;
    clothesfromwz.getClothes();
```

```
    clothesfromwz.playClothes();

    return 0;
}
```

结果显示：

```
clothesname 男士 Skirt clothesprice: 200
clothesname 女士 Skirt clothesprice: 600
clothesname 小孩 Skirt clothesprice: 100
clothesname 男士 Skirt clothesprice: 180
clothesname 女士 Skirt clothesprice: 540
clothesname 小孩 Skirt clothesprice: 90
clothesname 阿迪达斯 Sweater clothesprice: 500 clotheskinds Sweater
clothesname 李宁 Sweater clothesprice: 600 clotheskinds Sweater
clothesname 优衣库 Sweater clothesprice: 300 clotheskinds Sweater
```

2.1.5　小结

　　本节首先介绍了开闭原则的原理、核心思想和设计优点，使读者了解什么是真正的开与闭，什么情况下可使用开闭原则；然后引入令人烦恼的季节变换带来的服装销售问题，用开闭原则从零搭建一个销售框架，通过 UML 类图的设计，将销售框架的实现细节展现出来；接着根据 UML 类图框架的搭建以及对应的类方法设计，分解步骤，详细地编程，实现具体的 UML 类图中的方法；最后展示程序运行的结果，真正用开闭原则完成软件架构的设计。今后遇到类似的问题时，读者应首先想到"多扩展、少修改"的设计思想，并将其应用在软件设计中。

思而不罔

　　说明一下派生类在什么情况下才能够进行实例化。派生类可以对基类的成员变量进行初始化列表赋值吗？

　　开闭原则很好地应用在了服装销售上。若秋季新上架了一批裤子，请在原来程序设计的基础上，增加一个裤子销售的程序设计。

温故而知新

　　开闭原则解决了扩展类的问题，此问题要求在不修改原有代码的条件下进行功能类的扩展。程序员只有熟知了开闭原则，才可以在程序设计初期设计出向后兼容的框架，实现一种可扩展、方便维护的代码架构。

"多扩展、少修改"固然重要，但如果遇到多个派生类有相同的方法，或只有一个基类，又想让这个基类拥有多个不同的身份，该如何设计呢？下节将给出答案。

2.2　里氏替换原则——企鹅不是鹅

里氏，我们暂且不去理会是什么意思，替换则很容易理解，比如"用左替换右"，或者"用上替换下"，是一种拿一个身份当另外一个身份去用的动作。里氏替换，自然和代替相关了。

2.2.1　基类的替身

不同的设计原则应用在不同的场合，什么情况下需要用到里氏替换这个原则呢？软件设计中经常会遇到基类设计的方法不够用的情况，这时候可以实现一个派生类，在派生类中增加新的方法，作为基类的替补，用来扩展基类并代替基类，达到基类不变、功能增加的目的。下面就分别用书面语与大白话讲解里氏替换原则。

（1）用书面语讲里氏替换原则

里氏替换原则是重新定义派生类的一种方法。它由芭芭拉·利斯科夫在 1987 年的一次名为"数据的抽象与层次"的演说中首先提出。里氏替换原则的内容可以描述为派生类对象可以在程序中代替基类对象。

（2）用大白话讲里氏替换原则

在进行程序设计需要用到派生类时，应当对现有的基类进行扩展，而不应该改变现有的基类代码，使用里氏替换原则可以在不重新编写基类函数的情况下，达到派生类完全替换基类的目的。换句话说，基类可以出现的地方，派生类一定可以出现，用派生类代替基类，无须修改任何代码，反之则不可行。这需要满足一个硬性条件：派生类拥有基类的所有行为方法。

关键词：派生类、基类、代替。

2.2.2　抽象的妙处

设计抽象接口是里氏替换原则的核心思想，即完全不用关心基类的设计，因为派生类可以代替基类。

（1）核心思想

里氏替换原则的核心思想是抽象，即在基类中设计出抽象接口，这个抽象接口不依赖继承，派生类可以实现这个接口，从而达到用派生类扩展基类功能的目的，但是有一点需要读者明确：派生类不能改变和重写基类的功能。

（2）设计优点

用派生类代替基类，并且派生类有基类的方法和对应的属性，这样可以做到代码复用，不用单独为派生类创建方法，从而减少创建多余类及方法的开销。

2.2.3 企鹅不是鹅

里氏替换原则利用抽象实现了在不修改现有代码的情况下扩展新方法的功能。

小码路自从开了服装店，空闲时间很少，忙了半年，终于抽出一个周末去附近的动物园逛逛。

（1）主题——企鹅不是鹅

小码路来到了"里氏替换禽鸟馆"，如图 2-4 所示。

▲图 2-4 "里氏替换禽鸟馆"

"里氏替换禽鸟馆"里企鹅和鹅正在赛跑，请用里氏替换原则计算两者前进 100 米分别用了多少时间。

（2）设计——扩展源于抽象

假设需要解决的实际问题是这样：分别计算企鹅和鹅前进 100 米用的时间。要解决这个问题，编程时可以把这两种动物写成两个不同的类，通过调用类中不同的方法来进行计算。假如又想计算另外一个动物（孔雀）跑 100 米用的时间，编程时又要建立一个孔雀类和相应的方法。那么，有没有一种仅仅设计一个类，却可以计算多种动物跑 100 米所用时间的方法呢？

这可以使用里氏替换原则进行解决。

这时候小码路想到了抽象这个概念，而里氏替换原则正是抽象的最佳体现，用派生类的对象代替基类对象，小码路写下了此题的求解步骤。

第一步：里氏替换原则的核心是抽象，正所谓扩展源于抽象，利用抽象方法完成对现有基类的扩展和替换。

第二步：设计中有抽象，那么必然存在一个抽象基类，对应的派生类企鹅类和鹅类继承自这个抽象基类，分别实现各自的具体方法。

第三步：设计一个计算用时类，作为客户端的入口，这个类根据不同动物的奔跑速度计算各自跑 100 米的用时。

据此，小码路画出了解决上述实际问题的 UML 类图，如图 2-5 所示，有了这个类图，代码就容易实现了。

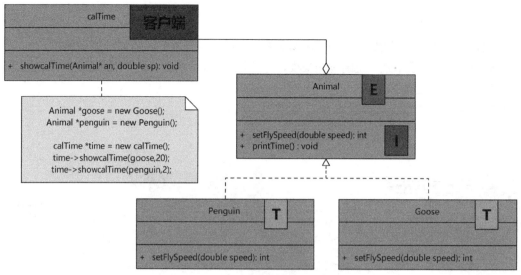

▲图 2-5　解决实际问题的 UML 类图

图 2-5 中明确了计算不同动物跑 100 米的用时的程序设计清单，这个程序设计清单主要包括如下内容。

① 里氏替换原则的核心——抽象。Animal 类是一个抽象基类，声明一个 setFlySpeed (double speed)抽象方法，派生类 Penguin 和派生类 Goose 分别继承自抽象基类 Animal，并分别组成 EIT 造型，实现各自的 setFlySpeed(double speed)方法。

② 软件设计流程的入口。calTime 类是客户端的入口，其中的类方法 showcalTime(Animal* an, double sp)通过传入的不同的 Animal 对象，调用不同动物的 setFlySpeed(double speed)方法，从而计算不同动物跑 100 米所用的时间。

2.2.4　企鹅不是鹅中的里氏替换原则

2.2.3 小节对计算不同动物跑 100 米所用时间的实际问题及求解步骤进行了详细说明，UML 类图展现了详细的程序设计清单，根据这个程序设计清单可以轻松地实现解决"企鹅不是鹅"问题的代码框架，并且为今后的扩展留足余量。下面就是利用里氏替换原则解决实际问题的程序设计框架。

第一步：设计里氏替换原则的核心——抽象基类 Animal。

```cpp
#pragma once
#include <iostream>

using namespace std;

class Animal
{
    public:
      //输出用时
```

```
        void  printTime()
        {
            cout<<"Which animal? used time: ";
        }
        virtual int setFlySpeed(double speed) = 0;

};
```

第二步：新增抽象基类分别对应派生类 Goose 和 Penguin，实现基类的虚方法。

```
#include "animal.h"

class Goose:public Animal
{
    public:
        int setFlySpeed(double speed)
        {
            return  speed;
        }
};

class Penguin:public Animal
{
    public:
        int setFlySpeed(double speed)
        {
            return speed;
        }
};
```

第三步：设计程序框架的入口类 calTime，客户端通过这个入口控制软件流程。

```
#include "goose.h"
#include "penguin.h"
#include <csignal>
#include <cmath>

#define dis 100

class calTime
{
    public:
        void showcalTime(Animal* an, double sp)
        {
            an->printTime();
            cout<< dis / an->setFlySpeed(sp) <<endl;
        }

};
```
第四步：客户端调用实现企鹅不是鹅中的里氏替换原则。

```
int main()
{
    //基类指针指向派生类的对象
    Animal *goose = new Goose();
    Animal *penguin = new Penguin();
```

```
    calTime *time = new calTime();
    //派生类可以替代基类，根据传参对象和数值进行时间计算
    time->showcalTime(goose,20);
    time->showcalTime(penguin,2);
    delete goose;
    delete penguin;
    delete time;

    return 0;
}
```

结果显示：

```
Which animal? used time: 5
Which animal? used time: 50
```

2.2.5 小结

本节首先强调抽象这个概念的重要性，抽象这个概念会贯穿后续程序设计，也是实现多态的基本要素，只要掌握了抽象基类的设计，就可以理解派生类为什么可以替代基类了；然后说明了里氏替换原则正是抓住了抽象这一设计理念，从而被开发者广泛应用；最后对实际案例"企鹅不是鹅"进行了 UML 类图的详细设计，真正向读者阐释了抽象的妙处，进一步说明了抽象是里氏替换原则的核心思想。

思而不罔

程序设计中派生类和基类是什么关系？派生类是否可以扩展基类的功能？派生类是否可以改变基类的功能，或者重写基类的抽象功能，再或者重写基类的非抽象功能？请用代码举例说明。

此时小码路看到　只小鸭了，请用里氏替换原则在原来代码的基础上，扩展写出计算小鸭子跑 100 米用时的程序。

温故而知新

抽象是里氏替换原则的核心思想，而要实现开闭原则的"多扩展、少修改"的目标，抽象也是不可缺少的。因此，可以说开闭原则和里氏替换原则往往是密不可分的，通过里氏替换原则可以达到对扩展开放、对修改闭合的目的。同时，这两个原则都运用了抽象接口这一重要特性。

学习到这个地方，读者应该能够领悟到：**抽象是优化代码的"必经之路"！**

掌握抽象的思想以后，就可以继续思考，扩展的程序设计具体依赖于抽象的什么？如果遇到多个抽象基类，各个派生类与基类之间的依赖关系是一对一，还是一对多？派生类之间是否又有依赖关系？下面带着这些疑问进入依赖倒置原则的学习，或许读者能找到答案。

2.3 依赖倒置原则——切换电视台

依赖是一个对象与另一个对象之间的密切关系的体现,具体地说是一个对象依赖另外一个对象,倒置强调不要将这种依赖关系放错了位置。一个程序中抽象基类可能有多个,派生类自然也有多个,派生类之间是通过基类接口连接的。依赖倒置原则很好地诠释了各个类对象之间是怎样建立这种连接关系的。

2.3.1 面向接口编程

软件设计中经常会提到抽象接口这个概念。抽象接口,顾名思义,就是在基类中声明一个虚函数,这个虚函数可以理解为抽象接口。抽象接口无处不在,什么场合下要用到抽象接口呢?各个抽象接口之间有怎样的关系?抽象接口在依赖倒置原则中又是怎样应用的?下面分别用书面语和大白话来讲解依赖倒置原则的理论基础。

(1)用书面语讲依赖倒置原则

程序设计应该多考虑依赖抽象接口,而不是依赖具体实现。程序员应面向抽象编程,不要面向实现编程,这能充分降低客户端与实现端之间的耦合性。依赖倒置原则对实现端各个类对象之间进行了解耦,不同的实现类不存在直接的依赖关系,而是依赖于抽象接口或者抽象类,通过抽象类建立各个实现类对象之间的联系。

(2)用大白话讲依赖倒置原则

在设计软件时,程序员首先想到的是把具有相同特征、相似功能的一部分抽出来,当作一个抽象接口类,具体的实现类继承这个抽象接口,实现抽象方法。一般这种原则的应用会出现两个抽象基类,即抽象基类 A 和抽象基类 B。抽象基类 A 不依赖具体派生类 B,具体派生类 A 也不依赖具体派生类 B,而具体派生类 A 和具体派生类 B 分别依赖与两者对应的抽象基类。

关键词:相同特征、抽象、基类。

2.3.2 依赖抽象而非细节

抽象的概念就是接口,面向接口编程是依赖倒置原则的核心,这样可以实现客户端与具体派生类的解耦。

(1)核心思想

面向接口编程依赖抽象基类,各个具体派生类对象间的依赖通过抽象接口建立。

(2)设计优点

多个派生类之间通过接口建立联系,不直接依赖具体细节,实现类与类之间的解耦。

2.3.3 电视台之间的轻松切换

前两个小节多次提到了抽象接口,看来依赖倒置原则与前文提到的里氏替换原则和开闭原则密不可分，三者都离不开抽象。小码路在经营服装店的时候进了一批童装，看到童装，就想起自己小时候的模样，那时候小码路是一个电视迷。

（1）主题——切换电视台

小码路喜欢观看的电视频道是北京卫视和南京广播电视台，所以经常需要切换电视台，如图 2-6 所示。

▲图 2-6   切换电视台

但是，在切换电视台的时候，小码路却遇到了困难，请用依赖倒置原则实现一个快速切换电视台的软件架构。

（2）设计——用户和电视台的绑定

需要解决的实际问题是，小码路想快速、方便地在北京卫视和南京广播电视台之间进行切换，当然，在家里小码路的爸爸妈妈也会随时选择自己喜欢的节目进行观看。通过设计程序解决这个问题时，不得不考虑设计多个用户类和多个电视台类，并且将多个用户和电视台绑定在一起是程序设计的关键。

这可以使用依赖倒置原则进行解决。

于是，小码路利用依赖倒置原则的核心思想，写下了具体的编程思路。

第一步：依赖倒置原则是面向接口编程的具体体现，各个子模块依赖抽象基类，具体的实现由派生类完成，这种做法是编程的关键。

第二步：将电视台设计成抽象基类，并且有一个虚方法，北京卫视和南京广播电视台依赖于这个抽象基类，并实现各自具体的方法。

第三步：小码路和爸爸妈妈依赖于抽象基类 People，并且各自有观看不同电视台的方法，这个方法也是抽象基类的虚方法。

第四步：客户端构造小码路对象和电视台对象，通过小码路对象的具体方法将电视台与对应人物联系起来，实现整个编程过程。

根据这个思路，小码路画出了切换电视台的框架设计 UML 类图，如图 2-7 所示。

图 2-7 中明确了解决切换电视台问题的整个程序设计清单，这个程序设计清单主要包括如下内容。

① 抽象基类电视台类 TV：包含一个 view()虚方法，与具体派生类 BJ 和 NJ 分别构成 EIT 造型，并且两个派生类依赖 TV 基类，分别实现各自的 view()方法。

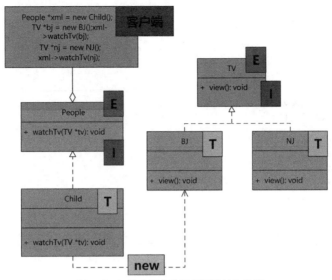

▲图 2-7 切换电视台的框架设计 UML 类图

② 抽象基类人物类 People：与派生类 Child 构成 EIT 造型。People 基类包含一个 watchTv(TV *tv)虚方法，这个虚方法带有 TV 类对象，通过不同的形参对象（TV 的派生类对象）完成电视台的选择。

2.3.4 切换电视台中的依赖倒置原则

在未考虑依赖倒置原则时，小码路根据自己的喜好按部就班地写下了第一个版本的程序，但是编写过程中遇到了障碍，这才想到需要面向接口编程。

下面是未考虑依赖倒置原则的程序设计。

第一步：设计北京卫视类 BJ。

```cpp
#include <iostream>
using namespace std;

class BJ
{
    public:
        void view()
        {
            cout<<"小码路看北京卫视！"<<endl;
        }
};
```

第二步：设计孩子类 Child。

```cpp
class Child
{
    public:
        void watchTv(BJ *bj)
```

```
        {
            bj->view();
        }
};

int main()
{
    Child *xml = new Child();
    BJ *bj = new BJ();

    //小码路看北京卫视
    xml->watchTv(bj);
    delete xml;
    delete bj;

}
```

若这时候小码路想看南京广播电视台，就需要建立一个南京广播电视台类 NJ，并增加一个 view()方法。

```
class NJ
{
    public:
        void view()
        {
            cout<<"小码路看南京广播电视台！"<<endl;
        }
};
```

此时，小码路发现 Child 类中的看电视方法中没有南京广播电视台的对象，所以还需要另外设计一个带有南京广播电视台的对象。小码路这才恍然大悟，意识到一开始编写程序时就用错了方法。于是，小码路从源头开始，将一切推倒重来——依赖倒置原则派上了用场。小码路利用 2.3.3 小节的设计思路重新编程。

下面是考虑到依赖倒置原则的程序设计。

第一步：将电视台抽象为一个 TV 基类，北京卫视类 DJ 和南京广播电视台类 NJ 依赖于 TV 基类。

```
#include <iostream>
using namespace std;

//将电视台抽象为一个接口类
class TV
{
    public:
        virtual void view() = 0;
};
class BJ:public TV
{
    public:
        void view()
        {
```

```
                cout<<"小码路看北京卫视！"<<endl;
        }
};
class NJ:public TV
{
    public:
        void view()
        {
            cout<<"小码路看南京广播电视台！"<<endl;
        }
};
```

第二步：将人物抽象为一个基类 People，将小码路设计为一个派生类 Child。

```
//将人物抽象为一个基类
class People
{
    public:
        virtual void watchTv(TV *tv) = 0;
};
class Child:public People
{
    public:
        void watchTv(TV *tv)
        {
            tv->view();
        }
};
```

第三步：客户端完成电视台切换的调用。

```
int main()
{
    //基类指针指向派生类对象
    People *xml = new Child();
    TV *bj = new BJ();
    //小码路看北京卫视，依赖于抽象，而不是具体
    xml->watchTv(bj);

    TV *nj = new NJ();
    //小码路看南京广播电视台
    xml->watchTv(nj);
    delete xml;
    delete bj;
    delete nj;
}
```

结果显示：

```
小码路看北京卫视！
小码路看南京广播电视台！
```

2.3.5　小结

本节首先强调抽象的重要性，并通过多个抽象的综合应用体现了依赖倒置原则的核心；然后用大白话清楚地说明了多个抽象基类与多个派生类之间的关系；接着通过解决切换电视台的

实际问题，以及对 UML 类图的描述，让读者清楚地看到多个派生类之间是如何建立联系的；最后，通过本节的整体描述，让读者意识到抽象的重要性与不可替代性。

思而不罔

派生类 Child 和派生类 BJ、NJ 之间有怎样的依赖关系？哪一句代码可以体现依赖倒置原则？假如小码路的妈妈想随时切换成河南卫视，请读者完善这个程序。

温故而知新

"多扩展、少修改"是开闭原则的核心，抽象是里氏替换原则的关键，面向接口编程是依赖倒置原则的"心脏"。不管是单个抽象，还是多个抽象，抽象始终是设计原则的核心。其实，在编程时心中时刻"惦记"抽象，后面的代码设计会顺畅许多。

至此已经讲解了 3 种设计原则，读者只要掌握了抽象这个概念，对设计模式的学习将不再是个难题。

在实际开发中，读者可能会经常听到类的设计尽量不要臃肿，方法尽可能少，最好做到一个类只有一个方法的说法。但是在实际项目中很少真正做到这一点，因为我们也不想浪费一个类的实例，若要让类实例化，就要多做一些事情。到底哪种设计好呢？下一节将会具体讲解类与职责的关系。

2.4　单一职责原则——爸妈分工干活

"单一"表明一个类具有唯一的功能，这个功能可以理解为方法或函数，如果要让一个类实现两种功能，就要将此类拆分成两个类，分别实现各自的功能。这样的程序设计会有什么好处呢？下面讲解的单一职责原则比较全面地解释了类与功能的对应关系。

2.4.1　一个类一个职责

一个类对应一个职责，一个职责不是指一个类只有一个方法或只有一个函数，这个职责是广义的，可以是一组相似的方法或函数。一个职责的设计不容易影响到类，这种设计思想在软件开发中是比较常用的。下面分别用书面语和大白话说明什么是单一职责原则。

（1）用书面语讲单一职责原则

对于单一职责原则，一个类只有一个职责。若存在多个职责，职责间就容易发生耦合，当一个职责发生变化时，可能会影响其他的职责。更有甚者，多个职责互相影响，从而影响整个类的复用性。

（2）用大白话讲单一职责原则

进行软件开发时，设计一个类就应该使其具有特有的功能。如果一个类同时实现了两个功能，最好将其分成两个类去实现。

例如 C 类有两个功能 G1 和 G2，当功能 G1 需求发生改变而需要修改 C 类时，有可能导致原来正常运行的功能 G2 发生异常；这时候就应该将 C 类拆分成 C1 类和 C2 类，再由它们分别实现功能 G1 和 G2。当然，这里的一个功能指的不仅是一个方法，而是一组相似的方法。

关键词：功能、对应、拆分。

2.4.2 关联性方法的聚类

一个类设计一组关联性高的方法，这些方法统称为一个职责，这样的设计能够让人看到其中一个方法就联想到这个类的功能，瞬间明白此类是为实现哪些功能设计的。

（1）核心思想

一个类"集中精力"负责一组相似功能的实现，实现一组相关性很高的函数或者数据的封装，同时只有提前设计好的这一组功能会影响到这个类。

（2）设计优点

① 类的功能单一，需要完成的任务比较清晰。

② 给人一种清晰明了的印象。

2.4.3 分工协作中的子女教育

单一职责原则解决的是类中方法设计的问题，将相同或相似的方法设计在一个类中，是程序员实现容易阅读、方便理解的代码框架的关键。只有做到类与职责关联或者分开，才能给人留下代码规范良好的印象。

小码路小时候爱看电视，却很少自觉地完成作业，因此他需要爸爸妈妈的监督。

（1）主题——爸妈分工干活

爸爸妈妈辅导小码路写作业的场景如图 2-8 所示。

▲图 2-8 爸爸妈妈辅导小码路写作业的场景

爸爸一边玩游戏，一边呵斥小码路，妈妈则专心辅导小码路写作业，请用单一职责原则解决爸妈分工干活的问题。

（2）设计——两个类对应两个职责

爸妈分工干活的实际问题可以这样理解：辅导作业、玩游戏可以认为是一个职责，一个职责对应一个类；小码路的爸爸和妈妈是两个主体，这两个主体实现的功能不一样，也就是职责不同，可以考虑分别设计成两个类，实现不同的职责，这正是单一职责原则的最佳体现。

小码路根据上述实际问题的设计思路，写下了具体的编程思路。

第一步：单一职责原则讲究类与职责一一对应，有多少种职责就设计多少种相对应的类，爸爸和妈妈分别履行各自的职责。

第二步：爸爸的职责包括辅导作业和玩游戏，妈妈的职责包括辅导作业，考虑将爸爸和妈妈分别独立封装成类，实现各自的职责。

基于上面的设计思路，小码路画出爸妈分工干活的 UML 类图，如图 2-9 所示。

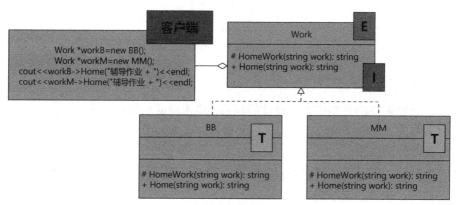

▲图 2-9　爸妈分工干活的 UML 类图

图 2-9 中明确了解决爸妈分工干活实际问题的整个程序设计清单，这个程序设计清单主要包括如下内容。

① 抽象基类 Work：主要包含两个虚方法 HomeWork(string work)和 Home(string work)，HomeWork(string work)里体现不同的职责，并且在 Home(string work)方法中被调用。

② 派生类 BB 和 MM：派生类 BB 和 MM 各自在 HomeWork(string work)里实现自己的职责，并且与基类 Work 分别组成 EIT 造型，实现爸爸妈妈分工干活的功能。

2.4.4　辅导作业中的单一职责原则

起初，小码路的设计没有考虑单一职责原则的问题，仅考虑了爸爸、妈妈两个主体对应一个类的情况，所以等他真正设计代码的时候就碰到了问题。

第一步：将工作设计成唯一类，爸爸和妈妈的职责在同一个方法 HomeWork(string work)中实现。

```cpp
class Work
{
    public:
        string HomeWork(string work)
        {
            return work + "玩游戏";
        }

        string BB(string work)
        {
            return "爸爸： " + HomeWork(work);
        }
        string MM(string work)
        {
            return "妈妈： " + HomeWork(work);
        }
};
```

第二步：客户端实现爸爸妈妈干活的职能。

```cpp
Work *work=new Work();
cout<<work->BB("辅导作业 + ")<<endl;
cout<<work->MM("辅导作业 + ")<<endl;
```

结果显示：

爸爸：辅导作业 + 玩游戏
妈妈：辅导作业 + 玩游戏

从结果可以看出：妈妈的职责也变成了一边玩游戏，一边辅导作业，这不符合妈妈专心辅导作业的职责。于是，小码路想到了单一职责原则，按照 2.4.3 小节的设计思路及 UML 类图，设计了两个主体对应两个工作，重新完成了整个代码设计。

第一步：设计工作类 Work 的虚接口，便于将职责分开。

```cpp
#include <iostream>
using namespace std;

class Work
{
    protected:

        virtual string HomeWork(string work) = 0;

    public:

        virtual string Home(string work) = 0;
};
```

第二步：设计爸爸工作时候的职责体现。

```cpp
class BB : public Work
{
```

```
    protected:

        string HomeWork(string work)
        {
            return work + " 玩游戏 ";
        }

    public:

        string Home(string work)
        {
            return "爸爸: " + HomeWork(work);
        }

};
```

第三步：设计妈妈工作时候的职责体现。

```
class MM : public Work
{
    protected:

        string HomeWork(string work)
        {
            return work;
        }

    public:

        string Home(string work)
        {
            return "妈妈: " + HomeWork(work);
        }

};
```

第四步：客户端实现爸爸妈妈分工干活的职能。

```
int main()
{
    Work *workB=new BB();
    Work *workM=new MM();
    cout<<workB->Home("辅导作业 + ")<<endl;
    cout<<workM->Home("辅导作业 + ")<<endl;
    delete workB;
    delete workM;
}
```

结果显示：

```
爸爸: 辅导作业 + 玩游戏
妈妈: 辅导作业 +
```

从结果可以看出：爸爸和妈妈独立完成了各自的职责，并且相互不会产生影响，在各自类的 HomeWork(string work) 中可以任意扩展自己的职责。

2.4.5 小结

本节首先讲述了单一职责原则的概念，明确了类与方法的关系，将多个相似的方法定义为一个职责是本节的核心；然后通过解决爸妈分工干活的实际问题展现了一个类与方法对应关系的设计，用 UML 类图详细介绍了程序设计清单；接着根据 UML 类图完成了单一职责原则代码设计流程；最后我们从中可以看出抽象也是单一职责原则的一种表现形式。

思而不罔

假如一个虚基类有两个虚方法，并且有两个派生类，但是在编译程序的时候报错，请问最有可能是什么原因导致的？

职责单一，这个职责具体怎么定义？什么样的职责可以认为是单一的？请你根据自己的定义实现另外一种解决上述问题的设计。

温故而知新

"一个类对应一个职责"简单明了地阐述了单一职责原则的要求。把相关函数、相似函数、拥有相同功能的函数定义为一个职责，这个职责对应一个类，这种做法可以很好地解决实际应用中分工协作的问题。

但是，在实际问题中往往不只有一类职责，如果遇到多个不同的功能、相似度不高的方法，又该如何设计类对象呢？该怎么设计接口呢？接下来要讲解接口隔离原则的这一节会呈现多个接口设计的案例。

2.5 接口隔离原则——细分图书管理

在熟悉接口之前，要先理解什么是虚基类——基类中包含虚方法的类称为虚基类，接口就是为了实现虚基类而产生的，基类并不会实现这个接口，只是用于声明，具体的实现由其派生类完成。隔离是指将两个方法或接口独立设计，不让它们产生任何耦合的关系。接口隔离原则很好地诠释了程序中多接口设计的技巧和实现方法。

2.5.1 独立成类

我们编写程序时经常会遇到多个方法和多个接口的设计，将不相关的接口独立，避免一个基类中附加很多接口，是接口隔离原则设计的关键思路。下面就分别用书面语和大白话说明什么是接口隔离原则。

（1）用书面语讲接口隔离原则

软件设计中通常首先设计出接口，接口的具体实现由派生类完成，如果接口中存在多个虚方法，程序员需要明白，不应该实现用户不需要使用的虚方法。因此，程序员需要把基类中臃肿的接口按类别分成多个类，每个类有其独特的接口，并且每个接口服务于一个子模块，实现接口隔离。

（2）用大白话讲接口隔离原则

在软件开发中，接口中的方法应尽量少，要有数量的限制，不然会出现接口数量过多、基类臃肿的情况。在实际项目中，程序员需要考虑细化接口，不要建立一个庞大的接口，使得所有派生类都依赖这个接口，这样的设计是不被推荐的，更是违背接口隔离原则的。

例如，类 C 依赖于虚接口 A，类 D 依赖于虚接口 B，如果虚接口 A 和虚接口 B 不是最小接口，那么类 C 和类 D 必须要实现虚接口 A 和虚接口 B 中它们自身不需要的方法，这是毫无必要的。

关键词：少、接口、细化。

2.5.2　接口去冗余

一个基类中只设计一组相关性很高的接口，其余不相关的接口设计在另外一个虚基类中，保证要实现的方法与设计的接口强相关，提高代码的灵活性。

（1）核心思想

在接口隔离原则中，类实现的方法与设计的接口紧密相关，冗余方法不要出现在虚基类中。

（2）设计优点

依据接口隔离原则，我们将不相关的方法进行解耦，减少基类接口，使程序便于维护和扩展。

2.5.3　图书管理的标准流程

接口隔离原则解决的是多个接口进行分类设计的问题，防止在一个虚基类中出现冗余的接口。在庞大软件系统的开发中进行接口分组的管理，能给后续的开发和维护带来可读性和可扩展性方面的优势。

毕业后的小码路经常回忆起上大学苦练编程的日子，下面是小码路设计的图书管理系统。

（1）主题——细分图书管理

小码路为"接口隔离图书馆"设计了三大板块，如图 2-10 所示。

"接口隔离图书馆"管理系统包含借书、还书和续借三大板块，请用接口隔离原则设计三大板块的功能。

▲图 2-10　接口隔离图书馆

（2）设计——功能独立设计

因为需要将不同的操作进行独立设计，所以接口隔离原则在图书管理系统中发挥了重要作用。将借书的方法单独设计成一个接口类，将还书的方法单独设计成另外一个接口类，不让两者有任何耦合。小码路在设计图书管理系统时根据接口隔离原则，写下了具体的编程思路。

第一步：将不同的模块类单独设计成接口，这个模块类或者接口暂且称为一个"篮子"，这样每个篮子就对应不同的功能模块。

第二步：若一个篮子里包含借书、还书、续借等多个功能模块，则如果要修改续借方法，那么与续借无关的借书、还书方法都要进行对应的修改，会给后续的程序维护带来不便。

第三步：利用接口隔离原则将一个篮子里的借书、还书、续借分成 3 个篮子，在这 3 个篮子里分别实现借书、还书、续借的功能，并且一个篮子由一位开发者进行维护和修改。

第四步：分别实现第三步中的 3 个篮子的功能，并且对 3 个篮子进行功能细分，做到分工明确、不冗余。

有了上面的实现步骤，小码路把对应的 UML 类图画了出来，如图 2-11 所示。

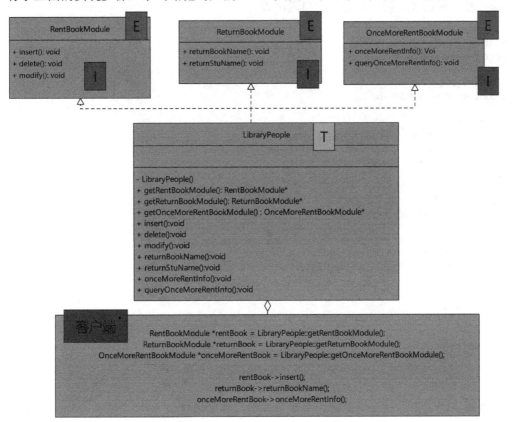

▲图 2-11 细分图书管理的 UML 类图

图 2-11 中明确了解决细分图书管理实际问题的整个程序设计清单，这个程序设计清单主

要包括如下内容。

① 3 个独立的篮子基类：借书模块接口类 RentBookModule 包含 3 个虚方法 insert()、delete()和 modify()；还书模块接口类 ReturnBookModule 包含两个虚方法 returnBookName()和 returnStuName()；续借模块接口类 OnceMoreRentBookModule 包含两个虚方法 onceMoreRentInfo()和 queryOnceMoreRentInfo()。

② 一个派生类图书管理员类继承 3 个篮子基类：LibraryPeople 派生类分别依次继承①中的 3 个独立的篮子基类，并且与它们分别构成 EIT 造型，实现 3 个篮子中的虚方法。

③ 客户端通过 LibraryPeople 派生类的类方法分别返回 3 个篮子的对象，这 3 个对象调用各自的方法完成细分图书管理的功能。

2.5.4　图书管理系统中的接口隔离原则

2.5.3 小节中小码路将接口隔离原则解决细分图书管理实际问题的设计思路和 UML 类图程序设计清单实现后，按照 UML 类图程序设计清单的具体细节，很快完成了程序的编程。

第一步：使用 3 个接口类完成接口隔离设计。

```cpp
#pragma once
#include <iostream>
using namespace std;

//借书模块接口
class RentBookModule
{
    public:
        virtual void insert()=0;
        virtual void delete()=0;
        virtual void modify()=0;
};

//还书模块接口
class ReturnBookModule
{
    public:
        virtual void returnBookName()=0;
        virtual void returnStuName()=0;
};

//续借模块接口
class OnceMoreRentBookModule
{
    public:
        virtual void onceMoreRentInfo()=0;
        virtual void queryOnceMoreRentInfo()=0;
};
```

第二步：图书管理员类继承自 3 个篮子基类，并实现接口方法。

```cpp
//实现类
class LibraryPeople:public RentBookModule,ReturnBookModule,OnceMoreRentBook
Module
```

```
{
private:
    LibraryPeople(){}
public:
    static RentBookModule* getRentBookModule()
    {
        RentBookModule *rentBook=new LibraryPeople();
        return rentBook;
    }
    static ReturnBookModule* getReturnBookModule()
    {
        ReturnBookModule *returnBook=new LibraryPeople();
        return returnBook;
    }
    static OnceMoreRentBookModule* getOnceMoreRentBookModule()
    {
        OnceMoreRentBookModule *onceMoreRentBook=new LibraryPeople();
        return onceMoreRentBook;
    }

    void insert()
    {
        cout<<"学生新借了一本《天龙八部》! "<<endl;
    }
    void delete()
    {
        cout<<"学生不想借《天龙八部》了! "<<endl;
    }
    void modify()
    {
        cout<<"学生把《天龙八部》改成了《水浒传》! "<<endl;
    }

    void returnBookName()
    {
        cout<<"返还图书名称"<<endl;
    }
    void returnStuName()
    {
        cout<<"返还图书的学生名字"<<endl;
    }

    void onceMoreRentInfo()
    {
        cout<<"续借信息统计"<<endl;
    }
    void queryOnceMoreRentInfo()
    {
        cout<<"续借信息统计查询"<<endl;
    }
};
```

第三步：客户端实现细分图书管理的功能。

```
#include "interface.h"

int main()
```

```
{
    RentBookModule *rentBook = LibraryPeople::getRentBookModule();
    ReturnBookModule *returnBook = LibraryPeople::getReturnBookModule();
    OnceMoreRentBookModule *onceMoreRentBook =
    LibraryPeople::getOnceMoreRentBookModule();

    rentBook->insert();
    returnBook->returnBookName();
    onceMoreRentBook->onceMoreRentInfo();
    delete rentBook;
    delete returnBook;
    delete onceMoreRentBook;

    return 0;
}
```

结果显示：

> 学生新借了一本《天龙八部》！
> 返还图书名称
> 续借信息统计

2.5.5　小结

本节首先阐述了接口隔离原则可以明确类与接口之间强关联的关系，非强关联就要另外建立一个新类，实现新类的虚接口和对应的方法；然后通过理论知识的介绍让读者明白了接口隔离原则的概念；接着通过细分图书管理功能真正实现了借书、还书、续借三大类的接口隔离，并利用 UML 类图的程序设计清单完成了代码；最后整个流程体现了抽象思想的重要性，使读者进一步明白了抽象是接口隔离原则的关键。

思而不罔

请说出基类指针可以指向派生类对象的前提条件，以及多重继承的调用原则。

若学校要求增加一个丢书赔偿系统，请在上述的细分图书管理系统的基础上进行设计。

温故而知新

代码设计中各个类需要通过自身的专用接口来实现，不要设计一个庞大的接口供所有依赖它的类去调用，这是接口隔离原则的核心。我们掌握接口隔离原则后，在以后的设计中要先想到如何细分接口，将不同功能模块细分成独立的类，各个类之间相互独立，便于后续开发人员进行代码维护和修改。

使用接口很明显是因为基类与派生类之间有关联，类与类之间的联系可以用抽象实现，若两个类不需要关联，又该如何设计和实现呢？2.6 节要讲解的迪米特法则可以实现非关联关系类之间的通信。

2.6 迪米特法则——介绍人说对象

迪米特法则又称最少知识原则，即类的设计对外暴露得越少越好，用最少的知识说明类的设计。

2.6.1 巧用第三者

类与类之间尽可能地避免联系，这样它们之间的耦合就会尽可能少，如果类之间真的需要进行通信，可以设计一个"第三者桥梁类"进行辅助通信。下面就用书面语和大白话说明什么是迪米特法则。

（1）用书面语讲迪米特法则

迪米特法则是指一个类对象应当对其他类对象有尽可能少的了解。

（2）用大白话讲迪米特法则

在软件设计中，我们如果遇到两个类没有必要进行直接通信的情况，可以设计一个"第三者桥梁类"来搭建桥梁，实现本无联系的两个类之间的通信，如租户通过房屋中介租房。

关键词：桥梁、通信、第三者。

2.6.2 类间少了解

没有联系的类不会耦合，通过独立设计，做到类与类之间的了解最少。

（1）核心思想

一个对象只与直接的类对象进行通信，对其余对象的了解应当最少。

（2）设计优点

类与类之间进行解耦，便于维护与扩展程序。

2.6.3 相亲还需介绍人帮助

如果两个类之间没有联系，就不要进行直接的通信，如果一个类需要调用另外一个类中的方法，可以通过"第三者桥梁类"进行调用。

小码路毕业后，每次回家过年，总会有介绍人去小码路家里为他介绍对象。

（1）主题——介绍人说对象

介绍人将小码路带到了"迪米特相亲会"，如图 2-12 所示。

请用迪米特法则实现介绍人在小码路和介绍的对象之间的"桥梁"功能。

（2）设计——媒介作用

在小码路与介绍的对象认识之前，小码路和介绍的对象之间不需要通信，这时候仅介绍人在中间发挥作用。这个情景和迪米特法则的核心思想一致。

第一步：利用媒介将主体对象小码路和介绍的对象联系起来。

▲图 2-12 "迪米特相亲会"

第二步：单独设计一个媒介类，作为小码路和介绍的对象通信的"第三者桥梁类"。

第三步：介绍人介绍的对象不止一个，需要设计一个对象的抽象基类，每个具体的对象派生类依赖这个抽象基类。

第四步：小码路是一个主体对象类，有挑选对象的权力。

上述步骤对应的 UML 类图如图 2-13 所示。

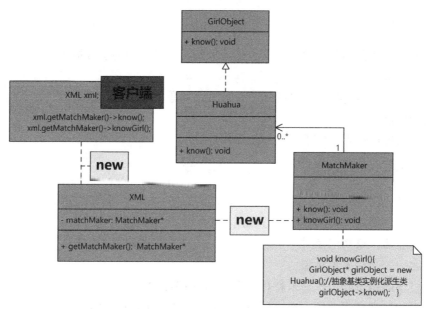

▲图 2-13 介绍人说对象的 UML 类图

图 2-13 中明确了解决介绍人说对象实际问题的 UML 类图程序设计清单，这个程序设计清单主要包括如下内容。

① 抽象基类女孩类 GirlObject：这个抽象基类包含一个虚方法 know()，具体的派生类

Huahua 依赖这个基类，并且实现自身具体的 know()方法。

② 媒介类 MatchMaker：这个类的方法 knowGirl()中构造具体的女孩类对象 girlObject，这个具体的女孩类对象调用自身的 know()方法。

③ 主体类 XML：这个类通过 getMatchMaker()方法获取媒介类对象，获取的媒介类对象又调用自身的 know()和 knowGirl()方法完成与女孩对象的通信。

2.6.4 说媒中的迪米特法则

2.6.3 小节已经为解决介绍人说对象实际问题设计了具体的思路和 UML 类图，这个 UML 类图详细表明了程序设计的整个具体清单。这个实际问题表明了程序中类之间的耦合越弱，越利于后面对程序的扩展和修改，小码路找对象的现实情况与之类似。

第一步：设计抽象基类女孩类 GirlObject 及派生类 Huahua。

```cpp
#pragma once
#include <iostream>
using namespace std;

//抽象基类女孩类 GirlObject
class GirlObject
{
    public:
        virtual void know() = 0;
};

//派生类 Huahua
class Huahua: public GirlObject
{
    public:
        void know()
        {
            cout<<"我是王小花，通过介绍人知道了小码路，想认识一下小码路"<<endl;
        }
};
```

第二步：设计媒介类 MatchMaker。

```cpp
class MatchMaker
{
    public:
        void know()
        {
            cout<<"我是介绍人，为小码路介绍对象多次"<<endl;
        }
        void knowGirl()
        {
            GirlObject* girlObject = new Huahua();
            girlObject->know();
        }
};
```

第三步：小码路与相亲对象之间没有任何直接的联系。

```cpp
class XML
{
    public:
        MatchMaker* getMatchMaker()
        {
            return matchMaker;
        }
    private:
        MatchMaker* matchMaker = new MatchMaker();
};
```

第四步：通过介绍人介绍，小码路与女孩 Huahua 认识。

```cpp
#include "match.h"

int main()
{
    XML xml;

    xml.getMatchMaker()->know();
    xml.getMatchMaker()->knowGirl();

    return 0;
}
```

结果显示：

> 我是介绍人，为小码路介绍对象多次
> 我是王小花，通过介绍人知道了小码路，想认识一下小码路

2.6.5　小结

本节首先说明了什么是迪米特法则，以及这个法则的核心和优点；然后通过介绍人说对象这一实际案例解释使用了迪米特法则的程序具有更好的扩展性，由具体的 UML 类图程序设计清单完整地实现无任何关联的两个类之间的通信。第 1 章里介绍了类与类之间的几种关系，这里强调一下迪米特法则在类关系中的应用场景，需要排除类与类之间存在不可分离组合、可分离聚合、依赖关系这些情况，其余情况最好用第三者代替，也就是常说的"中介是最好的桥梁"。

思而不罔

抽象基类是否可以实例化自身对象，需要满足什么条件？

介绍人第二天还安排了 Honghong 和小码路见面，请实现 Honghong 和小码路见面的程序。

温故而知新

迪米特法则从类的结构设计上说明每一个类都应该做好封装，降低自身成员方法的访问权限，其余类应尽可能少地直接调用前述类中的方法或与之直接通信。如果必须进行联系，"第三者桥梁类"的设计是关键。

从设计原则到设计模式的升华，将在第 3 章详细展开。

2.7 总结

软件开发中，程序员完成初步设计不难，难的是之后的升级维护与扩展修改。本章详细讲解了六大设计原则，如果程序员能在软件开发的初期就将这些原则考虑进去，并结合实际问题运用对应的设计原则，便可实现一套高内聚、低耦合的代码架构。

为方便读者后面回忆及运用六大设计原则，快速查找原则的核心，下面列出六大设计原则的核心和实际案例，如表 2-1 所示。

表 2-1　六大设计原则的核心和实际案例

设计原则	核心	实际案例
开闭原则	多扩展、少修改	服装店打折
里氏替换原则	设计抽象接口	企鹅不是鹅
依赖倒置原则	面向接口编程	切换电视台
单一职责原则	类与功能一一对应	爸妈分工干活
接口隔离原则	接口细化分组去冗余	细分图书管理
迪米特法则	封装"第三者桥梁类"	介绍人说对象

掌握设计原则，遵循并运用设计原则，是完成代码设计的关键一步，这一步设计好了，后面设计的系统便具有了灵活性、可扩展性和稳定性，并且系统架构的维护与扩展也更加方便。

第3章　六大创建型设计模式

创建型设计模式，顾名思义，就是在软件设计过程中，主要关注创建对象的结果，并不关心创建对象的过程及细节。创建型设计模式将类对象的实例化过程进行抽象化接口设计，从而隐藏了类对象的实例是如何被创建的，封装了软件系统使用的具体类对象。本章主要讲解的六大创建型设计模式和其对应的实际案例如图3-1所示。

▲图3-1　六大创建型设计模式和其对应的实际案例

图3-1描述了本章将要讲解的6种类型的创建型设计模式，包括单例模式、原型模式、工厂方法模式、抽象工厂模式、简单工厂模式和建造者模式，以及它们分别对应的实际案例。本章将带领读者在实际案例中学习创建型设计模式，帮助读者在实际工作中理解并运用创建型设计模式。

3.1　单例模式——只有一个班长

单例模式是指程序中只需要一个实例化对象，在全局作用域或整个代码架构中，此对象只被实例化一次，就可以达到在整个程序生命周期中被使用的目的。假如程序员设计了单例模式类，但是在程序设计中实例化了多个对象，那么这些对象也只占用同一块地址空间，在代码中可以通过 "%p" 输出的内存地址看出，这些对象其实是唯一的实例。这是如何做到的呢？本节的单例模式将详细说明它的实现过程。

3.1.1　全局唯一

软件开发中只设计一个类对象就可以被全局使用，这个类对象只占用一次内存空间，节省了资源。有经验的程序员在进行程序设计的时候，不会在每次调用类方法时都实例化一次类对象。下面分别用书面语和大白话说明什么是单例模式。

（1）用书面语讲单例模式

单例模式是指软件设计中当前线程或进程中只有一个实例对象。

（2）用大白话讲单例模式

软件系统设计中，整个系统在大多数情况下只需要一个全局对象。创建类的实例化对象必然要申请内存、消耗资源。可想而知，如果系统进行多个实例对象的创建，消耗的资源必然也会加倍。因此，单例模式考虑的是在只需要一个全局对象的时候，就不创建第二个实例化对象，不再进行重复的构造和析构，节省资源开销。

什么情况下会用到单例模式呢？举例如下。

① 一家公司只有一个 CEO。

② 一个班级只有一个班长。

③ 一支军队只有一个总司令。

关键词：对象、一个、资源开销。

3.1.2 角色扮演

读者明白了单例模式只需要实例化一个全局对象之后，如何创建这个对象、达到只被实例化一次的目的才是本节学习的重点。在设计单例模式架构之前，熟悉它的 UML 类图是实现编程的第一步，其 UML 类图如图 3-2 所示。

从图 3-2 中可以看出：单例模式的 UML 类图包含的具体角色如下。

① 构造函数 SingleObject 设计为 private 权限，这样客户端 Client 就不能 new 一个对象，满足对象只能在类定义中被创建一次的要求。

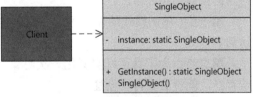

▲图 3-2 单例模式的 UML 类图

② 设计一个 public 的 GetInstance()的 static 方法，客户端 Client 通过这个 static 方法获取单例类对象。

③ 多线程环境下注意加锁保护，避免同时被两个对象访问。

3.1.3 有利有弊

单例模式虽然节约了资源，但是也限制了程序的后续扩展，其优点和缺点如下。

（1）优点

单例对象在创建时仅存在一个实例，不会多次构造和销毁对象，这样避免了每次构造和销毁对象时内存的消耗和性能的降低。

（2）缺点

单例类的设计中不存在抽象的概念，没有虚接口函数，系统难以进行扩展。

3.1.4 只有一个班长实际问题

单例在现实生活中随处可见，例如一家之主（就是一个家庭中只有一个做主的人）。小码路在大学期间竞选班长这件事，也是单例模式的现实应用。

（1）主题——只有一个班长

小码路在大学期间参加了一次"单例班长竞选会"，如图 3-3 所示。

▲图 3-3　单例班长竞选会

请用单例模式实现一个班级只有一个班长，小码路竞选班长成功的案例。

（2）设计——加锁和静态

既然班长在班级里是唯一的，小码路很快想到了用单例模式去实例化班长这个对象，这个对象的创建思路如下。

第一步： 单例模式的设计可以做到只实例化一个班长对象，并且这个班长对象可以被全局访问。

第二步： 为了真正只实例化一次对象，在创建对象的时候，判别此时对象是否已经存在，若存在，就没必要再次创建。

第三步： 设计时进行加锁保护，避免同时访问一个对象。

结合 3.1.2 小节中讲解的单例模式的 UML 类图，用该模式解决只有一个班长的实际问题，扩充的 UML 类图如图 3-4 所示。

图 3-4 中明确了解决只有一个班长实际问题的 UML 类图程序设计清单，3.1.5 小节的程序设计就是根据这个清单来完成的。这个程序设计清单主要包括如下内容。

① 单例类班长类 Monitor：这个类包含一个私有的静态成员变量 instance 和一个公有的静态成员方法 getInstance()，getInstance()方法是产生单例的唯一途径。

② 客户端 Client：通过调用单例类班长类 Monitor 中的 getInstance()方法获取唯一的实例对象，为了说明多次调用这个方法产生的对象是同一个，程序设计中比较了这个方法返回的两个对象 p1 和 p2。

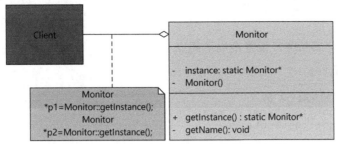

▲图 3-4　解决只有一个班长实际问题扩充的 UML 类图

3.1.5　用单例模式解决问题

3.1.4 小节说明了用单例模式解决只有一个班长实际问题的具体思路，并且用 UML 类图列出了程序设计清单，根据这个程序设计清单可知该方式只创建一个班长对象，当再次创建该对象的时候，新创建的对象在同一内存地址，避免了多次申请内存带来的资源开销。下面是按照 3.1.4 小节的设计思路编写的代码。

第一步：避免全局变量同时被两者访问，使用锁进行保护。

```cpp
#pragma once
#include <iostream>
using namespace std;
#include <mutex>

struct lugard_sync
{
    explicit lugard_sync(std::mutex &_mutex) : m_mutex(_mutex) { m_mutex.lock(); }

    ~lugard_sync() { m_mutex.unlock(); }

private:
    std::mutex &m_mutex;
};
```

第二步：设计单例班长类。

```cpp
class Monitor
{
    private:
        //普通类的构造函数是公有的，外部类可通过 new 构造多个实例
        //单例类的构造函数是私有的，外部类无法调用该构造函数，无法生成多个实例
        Monitor(){}
        //为避免类在外部实例化
        //因此该类自身必须定义一个静态私有实例
        static Monitor *instance;

    public:
        //向外提供一个静态的公有函数，用于创建或获取该静态私有实例
        static Monitor* getInstance();
        void getName();
```

```
};
```

第三步：初始化班长类，设置全局访问点。

```cpp
#include "monitor.h"

//使用单例模式初始化唯一实例
Monitor* Monitor::instance = new Monitor();
Monitor* Monitor::getInstance()
{
    std::mutex mt;
    lugard_sync(mt);
    if(instance==NULL)
    {
        instance=new Monitor();
    }
    else
    {
        cout<<"小码路已经是班长了，不选了!"<<endl;
    }
    return instance;
}

void Monitor::getName()
{
    cout<<"小码路是班长!"<<endl;
}
```

第四步：客户端测试单例对象的唯一性。

```cpp
int main()
{
    Monitor *p1=Monitor::getInstance();
    p1->getName();
    Monitor *p2=Monitor::getInstance();
    p2->getName();

    if(p1==p2)
    {
        cout<<"他们是同一个人"<<endl;
    }
    else
    {
        cout<<"小码路有竞争对手了"<<endl;
    }
    delete p1;
    delete p2;
}
```

结果显示：

```
小码路已经是班长了，不选了!
小码路是班长!
他们是同一个人
```

3.1.6 小结

本节首先说明了单例模式的概念、核心和优缺点；然后用只有一个班长的实例，通过 UML 类图程序设计清单和代码设计步骤说明了单例模式设计的全过程，这个过程主要包含使用锁的方法避免同时访问同一个对象、创建对象时先判别其是否已经存在、类外实例化单例类供全局使用；最后用日志输出类对象地址的方式明确了使用单例模式来开发程序时，即使创建再多的对象，也只是申请一块内存，真正实现了全局唯一性。单例模式为解决内存优化问题也提供了一定的参考思路。

思而不罔

普通类和单例类进行构造函数设计时有什么区别？为什么有这种区别？单例类设计的关键是什么？

单例模式中，哪里体现了单例这一概念？本节在进行实例化对象的时候进行了一次 NULL 判断，这个判断是否为最优形式？如果不是最优形式，又该如何修改？

温故而知新

单例模式很好地阐述了如何在代码设计中只创建一个全局对象，核心思路是创建一个私有的静态成员类对象，通过公有的静态方法获取，加锁和判断对象是否为空是其中的技巧。为节约内存，程序员在今后的设计中应多考虑单例模式。

类的创建都是通过 new 一个新对象开始的，如果要创建两个对象，就使用两次 new 语法来完成。有没有一种办法，只需要 new 第一个对象，后面相同的对象通过复制第一个对象来实现呢？接下来的原型模式会展示具体实现细节。

3.2 原型模式——证书制作

原型的功能是将一个已经存在的对象作为源目标，其余对象都通过这个源目标创建。这样的设计方法是如何实现的呢？本节的原型模式将为读者揭开谜底。

3.2.1 复制的力量

类对象的初次创建和再次创建可以通过复制来完成，复制又分为深复制和浅复制。发挥复制的作用，就是原型模式的核心思想。这样做可以在类方法设计中提高设计效率，避免多次创建对象造成时间消耗。下面分别用书面语和大白话来讲什么是原型模式。

（1）用书面语讲原型模式

原型模式是指第二次创建对象可以通过复制已经存在的原型对象来实现，忽略对象创建中的其他细节。

（2）用大白话讲原型模式

软件设计中经常需要创建多个对象，把其中一个对象利用 new 语法创建完成，称其为"原型对象"，创建其余实例的时候，为避免 new 语法的再次使用，利用 Clone()方法直接复制已经存在的原型对象。这是因为在创建复杂或构造比较耗时的实例时，new 方法的效率低于 Clone()方法。

什么情况下会用到原型模式呢？举例如下。

① 一个对象要被其他对象访问，并且调用者会修改其值，此时可提前复制原型对象供后续使用。

② 毕业论文提交前，我们总会复制多个版本的论文，在复制的论文上继续做修改。

关键词：复制、效率。

3.2.2　角色扮演

原型模式是通过复制来实现的，具体做法是，增加一个 Clone()方法，单独实现复制功能。在正式进入原型模式设计之前，熟悉它的 UML 类图是至关重要的。原型模式的 UML 类图如图 3-5 所示。

从图 3-5 中可以看出：客户端 Client 通过调用 Clone()方法，在 P1 对象已经存在的前提下，实现了 P2 对象的创建。图 3-5 中原型模式所包含的具体的角色如下。

① 原型虚基类 Prototype：声明一个虚接口 Clone()方法，这个方法返回原型模式的对象。

② 具体原型类 ConcretePrototype：继承① 中的虚基类 Prototype，实现具体的 Clone()方法；调用 Info 类中的 Clone()方法，返回 Info 实例。

③ 客户端 Client：利用具体原型类 new 一个实例 P1，调用 Clone()方法创建第二个实例

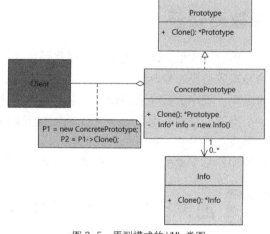

▲图 3-5　原型模式的 UML 类图

P2，将原始对象作为构造函数参数，在构造函数内将原始对象的数据逐个复制一遍。

3.2.3　有利有弊

原型模式通过复制的方式进行多次对象的创建，避免了多次执行构造和析构带来的内存开销，其优点和缺点如下。

（1）优点

① 在内存方面，使用复制方式比使用 new 方法构造对象的开销更小，效率更高。

② 使用复制方式创建的对象，外界对其只有读的权限，不能对其进行更改。

（2）缺点

通过复制方式创建对象时，不会执行构造函数，初学者不好理解程序的运行原理。

3.2.4 证书制作实际问题

原型模式带来了创建对象的新形式，它的实际应用也随处可见，例如获奖证书的制作等。小码路回忆起自己在大学期间参加计算机比赛获得了荣誉证书，该证书的制作就和原型模式实现相似。

（1）主题——证书制作

小码路与大不点一起获得了"全国计算机设计大赛一等奖"，两个人共同走上了"原型模式颁奖大会"的领奖台，如图 3-6 所示。

请用原型模式在已知一位获奖者信息和奖项的前提下，直接获得另一位获奖者荣获相同奖项的信息。

（2）设计——复制的妙处

个人信息不同，奖项一致，可以把奖项的创建定义为原型模式，只需要创建一个证书，后面需要同类证书的时候，将创建的证书复制一份即可。这种思路的具体实现步骤如下。

▲图 3-6 原型模式颁奖大会

第一步：已知 A 证书，要获取与 A 同类型的 B 证书，应避免使用重复创建对象的方式，而是利用复制的方式直接得到 B 证书。

第二步：A、B 证书的奖项相同，填充的信息不同，创建一个对象后，直接复制得到另外一个对象，然后修改个人信息不同的部分。

第三步：设计一个包含个人信息的 Info 类，Info 类中的 Clone()方法用于实现对象的复制。

结合 3.2.2 小节角色扮演中讲解的原型模式的 UML 类图，用该模式解决证书制作的问题，扩充的 UML 类图如图 3-7 所示。

图 3-7 中明确了用原型模式解决证书制作实际问题的 UML 类图的整个程序设计清单，下一小节的程序设计就是根据这份清单完成的。这个程序设计清单主要包括如下内容。

① 证书虚基类 Certificate：主要包含 4 个虚接口 Display()、SetInfo(string name, string sex, string college)、SetAwardsInfo(string data, string class)和 Clone()，其中 Clone()方法是实现原型模式的关键。

② 获奖信息类 Info：奖项设置的详细信息，这些信息是公用的，也是 Clone()方法创建的主体对象。

③ 具体获奖个体类 Citation：与 Certificate 类构成 EIT 造型，实现①中的具体方法，并且通过 Clone()方法复制一个 Info 类的对象。

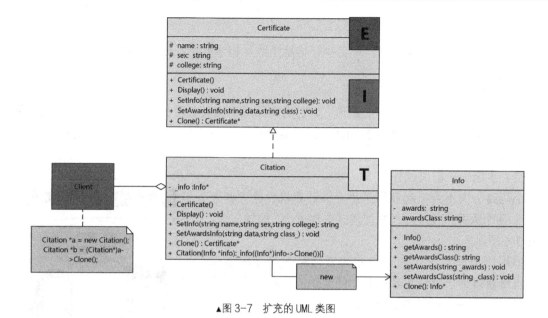

▲图 3-7　扩充的 UML 类图

④ 客户端 Client：构造完成一个 Citation 对象 a，调用 a 对象的 Clone()方法复制另外一个对象 b。

3.2.5　用原型模式解决问题

由 3.2.4 小节可知，只要制作完成一个原型证书，后面的证书的制作只需要复制"原型证书"即可，大大节约了使用构造和析构方法带来的资源开销。下面是根据 3.2.4 小节的具体设计思路和 UML 类图程序设计清单，用原型模式实现证书制作的具体步骤。

第一步：设计获奖信息类 Info，实现一个 Info 类的 Clone()方法。

```cpp
#pragma once
#include <iostream>
using namespace std;

class Info
{
    public:
        Info(){}
        string getAwards(){return awards;}
        string getAwardsClass(){return awardsClass;}
        void setAwards(string _awards){awards=_awards;}
        void setAwardsClass(string _class){awardsClass=_class;}

        //复制原型证书
        Info* Clone()
        {
            Info *info=new Info();
            *info=*this;
            return info;
```

```
        }
    private:
        string awards;
        string awardsClass;

};
```

第二步：设计证书虚基类 Certificate，声明一个 Clone()虚方法。

```
//原型类，声明一个复制自身的接口
class Certificate
{
    public:
        Certificate(){}
        virtual void Display()=0;
        virtual void SetInfo(string name,string sex,string college)=0;
        virtual void SetAwardsInfo(string data,string class_)=0;
        virtual Certificate* Clone()=0;
    protected:
        string name;
        string sex;
        string college;
};
```

第三步：复制具体获奖个体类对象 Citation，实现 Clone()虚方法。

```
class Citation:public Certificate
{
    public:

        Citation()=default;
        //对接口函数的实现
        void SetInfo(string name,string sex,string college)
        {
            this->name=name;
            this->sex=sex;
            this->college=college;

        }

        void SetAwardsInfo(string data,string class_)
        {
            _info->setAwards(data);
            _info->setAwardsClass(class_);
        }
        void Display()
        {
            cout<<name<<" "<<sex<<" "<<college<<"\n";
            cout<< _info->getAwards()<<" "<<_info->getAwardsClass()<<endl;
        }
        //复制对象自身的接口实现
        Certificate* Clone()override
        {
            Citation *clonecitation=new Citation(_info);
            clonecitation->name=this->name;
            clonecitation->sex=this->sex;
```

```
                clonecitation->college=this->college;

                return clonecitation;
        }
    private:
        Info *_info=new Info();
        explicit Citation(Info *info):_info((Info*)info->Clone()){}
};
```

第四步: 客户端 Client 填充获奖个人信息。

```
#include "yx.h"

int main()
{
    Citation *a = new Citation();
    a->SetInfo("小码路", "男", "计算机学院");
    a->SetAwardsInfo("全国计算机竞赛", "荣获一等奖");
    a->Display();

    cout<<endl;

    Citation *b = (Citation*)a->Clone();
    b->SetInfo("大不点", "女", "文法学院");
    b->SetAwardsInfo("全国计算机竞赛", "荣获一等奖");
    b->Display();
    delete a;
    delete b;

    return 0;
}
```

结果显示:

```
小码路 男 计算机学院
全国计算机竞赛 荣获一等奖
大不点 女 文法学院
全国计算机竞赛 荣获一等奖
```

3.2.6 小结

本节首先讲解了原型模式的具体概念和设计的核心思路;然后通过两个一等奖证书的具体制作过程,用 UML 类图详细讲解了原型模式的实现。原型模式的核心思想是复制,使用复制的方式代替 new 方法创建一个对象,可以达到节省内存空间的目的。在今后遇到需要创建多个类似对象,其中大部分信息都是一样的情况的时候,我们可以优先考虑使用原型模式。

思而不罔

在 C++程序设计中使用 override 的目的是什么? explicit 关键字又有什么作用?
原型模式实际上实现的是深复制还是浅复制? 两者有什么区别?

温故而知新

原型模式用复制的方式达到了创建新对象的目的。当代码设计需要重复多次创建对象时，可以先把这个对象的"骨架"搭建起来，再针对对象之间的差别进行具体细节的填充，复制一个原型得到新对象时，新对象不会重复执行构造函数，可以达到节约开销的目的。

原型模式阐述了创建相似类对象的方法，但是，当遇到类对象之间有明显的依赖、可分离聚合或关联关系，甚至遇到多组这种关系时，我们又该如何进行代码设计呢？接下来将介绍3个与工厂相关的设计模式，一步一步带领读者拨开迷雾。

3.3　工厂方法模式——成立事业部

提起工厂，我们能联想到的是生产、制造、加工各个零件的场所。工厂生产的零件通常是和使用这些零件的产品一一对应的。例如，手机工厂生产的组装手机的零件，发动机工厂制造的发动机零件等。本节将结合工厂中发生的实际事件，讲解"工厂与零件"这种对应关系在工厂方法模式里的应用。

3.3.1　一对一的关系

工厂方法模式很好地解决了一个工厂进行一种产品的生产，且各个产品又不相互依赖的问题。下面就分别用书面语和大白话讲解什么是工厂方法模式。

（1）用书面语讲工厂方法模式

工厂方法模式是指一个工厂接口用来声明创建产品对象，具体创建的产品对象由派生类工厂实现，达到一个工厂生成一种产品对象的目的。

（2）用大白话讲工厂方法模式

软件设计中，程序员在基类中定义一个虚工厂接口来声明要创建的对象，之后由具体派生类工厂创建实例。这样做的目的是使用户不需要关注创建对象的过程，将创建对象的过程封装在私有方法中，这个封装是利用虚工厂接口去实现的，具体派生类工厂对象重写基类虚接口的方法，创建各自对应的产品对象。

什么情况下会用到工厂方法模式呢？举例如下。

① 汽车厂组装汽车。

② 手机厂生产手机。

关键词：具体工厂、创建、具体产品。

3.3.2　角色扮演

工厂方法模式需要定义一个抽象的工厂基类，派生类的具体工厂生产对应的具体产品，这样抽象工厂、具体工厂和具体产品就形成了一种"金字塔"形的设计架构。这种设计架构的

UML 类图如图 3-8 所示。

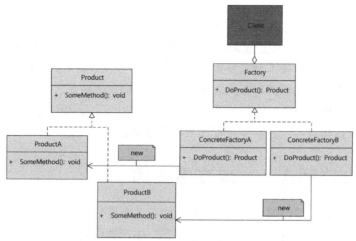

▲图 3-8　工厂方法模式的 UML 类图

从图 3-8 中可以看出：具体工厂用来创建具体产品对象，客户端只需要调用抽象工厂方法即可完成产品的创建。图 3-8 所示的 UML 类图对应的工厂方法模式中的具体角色如下。

① 抽象工厂基类 Factory 和具体工厂派生类 ConcreteFactoryA、ConcreteFactoryB：工厂类中的 DoProduct() 方法决定了工厂与产品的一一对应关系，如具体的工厂 ConcreteFactoryA 生产具体的产品 ProductA。

② 抽象产品基类 Product 和具体产品派生类 ProductA、ProductB：这些产品和①中的工厂进行绑定。

③ 客户端 Client：创建具体工厂派生类，调用各自的具体方法，完成具体产品派生类对象的创建，其中包含的四大角色如下。

a. 抽象工厂：核心内容。

b. 具体工厂：实现具体的逻辑。

c. 抽象产品：产品方法基类。

d. 具体产品：实现抽象产品方法。

3.3.3　有利有弊

工厂方法模式利用了抽象的性质，将工厂与产品连接起来，方便后续开发者对其进行扩展与维护，达到了在不改动具体工厂派生类的前提下，生产新类型产品的目的。工厂方法模式的优点和缺点分别如下。

（1）优点

① 对象的创建和实现相互独立，可达到松耦合的目的。

② 具体的工厂生成具体的产品，方便理解程序的结构。

（2）缺点

如要增加新的产品类，还需要增加对应的新工厂类。

3.3.4　成立事业部实际问题

工厂方法模式在实际应用中很常见。例如，现在的公司一般在一种产品的生产销售成熟后，开始开拓多种产品的生产销售，达到拓宽业务范围，多方面营利的目的，这时候就可以使用工厂方法模式来设计公司架构了。小码路在创业成功之后，也采用了这样的生产模式。

（1）主题——成立事业部

小码路的公司成立了手机事业部（手机部）和电视事业部（TV 部），分别负责生产手机和电视。

请用工厂方法模式实现一个工厂只生产一种产品的软件逻辑，如图 3-9 所示。

（2）设计——抽象统一管理

从上述问题描述的关键词中可以很容易地看出：这是具体工厂生产具体产品的问题，工厂方法模式在解决这类问题上能

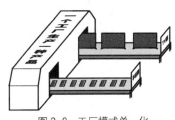

▲图 3-9　工厂模式单一化

发挥巨大的作用。利用工厂方法模式实现工厂和产品一一对应的具体思路如下。

第一步：具体工厂生产具体产品，手机事业部和电视事业部可以看成两个具体工厂，手机和电视是相应的具体产品。

第二步：有具体必然会有抽象，设计抽象工厂基类和抽象产品基类，手机事业部和电视事业部是继承自抽象工厂基类的两个具体工厂派生类，手机和电视是继承自抽象产品基类的两个具体产品派生类。

第三步：完成第二步中的设计之后，如要考虑在原来设计的软件基础上扩展生产第三种产品，就不必更改基类，只需要扩展第三种具体工厂派生类和对应的产品类，即可满足扩展设计要求。

结合 3.3.2 小节讲解的工厂方法模式的 UML 类图，用该模式实现解决具体工厂生产具体产品的问题，扩充的 UML 类图如图 3-10 所示。

图 3-10 中明确了用工厂方法模式实现手机事业部生产手机、电视事业部生产电视的 UML 类图程序设计清单，下一小节的程序设计就是根据这个程序设计清单完成的。这个程序设计清单主要包括如下内容。

① 抽象工厂基类 Factory 和具体工厂派生类 PhoneFactory、TvFactory：抽象工厂基类和两个具体工厂派生类分别组成两个 EIT 造型，对应方法返回具体产品派生类对象 Product。

② 抽象产品基类 Product 和具体产品派生类 Phone、Tv：Product 和 Phone、Product 和 Tv 分别组成 EIT 造型，并且实现各自的 show()方法。

③ 客户端 Client：通过构造两个具体工厂派生类 PF1 和 PF2，分别调用自身的 newProduct() 方法，返回 PF1 和 PF2 对应的具体产品 P1 和 P2，进而实现 P1 和 P2 的 show()方法。

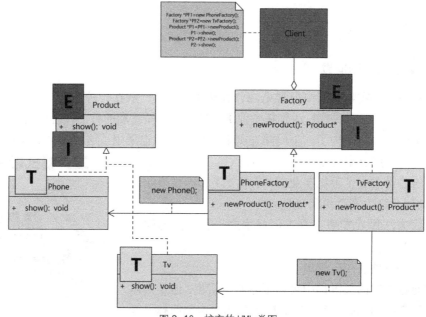

▲图 3-10　扩充的 UML 类图

3.3.5　用工厂方法模式解决问题

由 3.3.4 小节可知，解决具体工厂生产具体产品的问题需要使用工厂方法模式，它很好地处理了工厂、产品之间的对应关系。并且 3.3.4 小节已经给出了解决该问题的具体思路、UML类图程序设计清单，下面是用工厂方法模式解决实际问题的编程步骤。

第一步：设计抽象产品基类和具体产品派生类。

```cpp
#pragma once
#include <iostream>
using namespace std;

//抽象产品
class Product
{
    public:
        virtual void show()=0;
};

//具体产品 1: Phone
class Phone:public Product
{
    public:
        void show()
        {
            cout<<"生产手机"<<endl;
        }
};
//具体产品 2: Tv
```

```
class Tv:public Product
{
    public:
        void show()
        {
            cout<<"生产电视"<<endl;
        }
};
```

第二步：设计抽象工厂基类和具体工厂派生类。

```
//抽象工厂
class Factory
{
    public:
        //此处只能返回一个抽象类的指针，抽象类不能返回实例
        virtual Product* newProduct()=0;
};

//具体工厂1：PhoneFactory，实现产品1 Phone 的生产
class PhoneFactory:public Factory
{
    public:
        Product* newProduct()
        {
            cout<<"手机事业部生产手机"<<endl;
            return new Phone();
        }
};

//具体工厂2：TvFactory，实现产品2 Tv 的生产
class TvFactory:public Factory
{
    public:
        Product* newProduct()
        {
            cout<<"电视事业部生产电视"<<endl;
            return new Tv();
        }
};
```

第三步：客户端方法的实现。

```
#include "product.h"

int main()
{
    Factory *PF1=new PhoneFactory();
    Factory *PF2=new TvFactory();
    Product *P1=PF1->newProduct();
    P1->show();
    Product *P2=PF2->newProduct();
    P2->show();
    delete PF1;
    delete PF2;
    delete P1;
    delete P2;
```

```
    return 0;
}
```

结果显示：

```
手机事业部生产手机
生产手机
电视事业部生产电视
生产电视
```

3.3.6　小结

本节首先讲述了工厂方法模式的理论、核心思想和优缺点；然后通过解决成立事业部、生产分配实际问题的具体过程阐述了工厂方法模式在现实中的应用，并利用 UML 类图，使读者进一步熟悉以抽象为基准、开闭原则为考量的工厂方法模式；最后根据 UML 类图中详细的程序设计清单带领读者一步步完成代码的设计。今后读者在遇到"工厂"与"产品"一一对应的问题时，就可以优先考虑使用工厂方法模式来解决。

思而不罔

抽象基类实例化具体派生类，可返回抽象类指针，但是不能返回抽象类实体。这句话是否正确，如何理解？

小码路的公司扩展业务，新增了一个可穿戴设备事业部，负责生产电子手环，请实现类似功能。

温故而知新

工厂方法模式可以解决具体工厂生产具体产品，对 生产的问题，开发者根据这样的设计思路写出来的代码优雅、易读且易懂。工厂方法模式具有思路清晰、设计容易的特点，在软件设计中被开发者广泛应用。

工厂方法模式展示了单一的对应关系，但是实际生活中，一个工厂会生产多种产品，这样的工厂模式如何设计呢？3.4 节的抽象工厂模式会给出答案。

3.4　抽象工厂模式——产品多元化

抽象一词表示抽象工厂模式中必然会用到第 2 章介绍的接口隔离原则中提及的抽象虚基类概念，3.3 节的工厂方法模式也用到了抽象的设计，这两者有什么区别呢？本节的抽象工厂模式将给读者带来同样使用抽象，但设计理念不一样的内容。

3.4.1 一对多的关系

工厂方法模式实现的是一个工厂类生产一种产品,而抽象工厂模式是一个工厂类对应多种相似的产品,开发者不会直接创建具体产品,而是通过具体的工厂去实现产品对象的创建。下面就分别用书面语和大白话讲解什么是抽象工厂模式。

(1)用书面语讲抽象工厂模式

抽象工厂模式是指一个工厂类可以生产多种相互关联的产品,一对多的关系使得开发者在生产多种产品时,只用修改一个工厂类即可。

(2)用大白话讲抽象工厂模式

软件设计中,开发者通常希望用一个接口来创建一系列相关的实例对象,而不希望用具体的类创建具体的对象,这样可以避免大量相似、臃肿的代码设计。抽象工厂模式的诞生就是为了实现这个功能,使开发者可以一次实例化同一个工厂的多个实例对象。

什么情况下会用到抽象工厂模式呢?举例如下。

① 汽车工厂可以同时生产轮胎、发动机和刹车盘。

② 小米之家可以同时出售手机、计算机和吹风机。

关键词:一个接口、多个实例。

3.4.2 角色扮演

3.4.1 小节简要说明了抽象工厂模式和工厂方法模式的区别就是工厂和产品对应关系不同,工厂方法模式是一个具体工厂对应一种产品,而抽象工厂模式是一个具体工厂对应多种产品,抽象工厂模式具体的 UML 类图如图 3-11 所示。

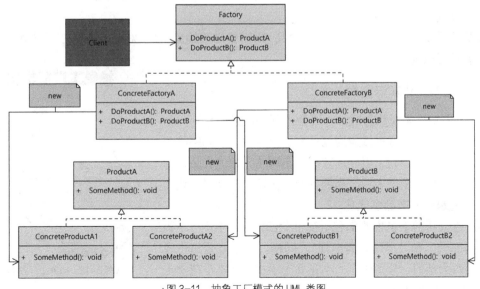

▲图 3-11 抽象工厂模式的 UML 类图

从图 3-11 中可以看出：具体工厂 A 和 B 继承自同一个抽象工厂，并且一个具体工厂对应两个具体产品。图 3-11 中抽象工厂模式所包含的具体角色如下。

① 抽象工厂基类 Factory 和具体工厂派生类 ConcreteFactoryA、ConcreteFactoryB：每个具体工厂派生类包含两个生产具体产品对象的方法 DoProductA() 和 DoProductB()，这两个方法分别生产对应的具体产品 ProductA 和 ProductB。

② 抽象产品基类 ProductA、ProductB 及它们分别对应的具体产品派生类 ConcreteProductA1、ConcreteProductA2、ConcreteProductB1、ConcreteProductB2：这些具体的产品在①中的任何一个具体工厂中都可以进行生产，也就是说一个工厂可以生产多种产品。

③ 客户端 Client：通过实例化具体工厂 A 或具体工厂 B，返回相应的产品对象 A1、A2 或 B1、B2。其中所包含的四大角色如下。

　　a. 抽象工厂：声明创建产品的虚方法。

　　b. 具体工厂：一组具体的工厂类。

　　c. 抽象产品：具体产品的虚接口。

　　d. 具体产品：实现具体细节。

3.4.3　有利有弊

抽象工厂模式极大地发挥了抽象的妙处，用抽象的方法实现在具体工厂中直接返回实际对应的具体产品，但是也产生了工厂和产品之间耦合的现象。抽象工厂模式的优点和缺点如下。

（1）优点

① 客户端不必关心产品对象的创建过程，开发者和产品之间实现了解耦。

② 客户端可以一次创建多种产品，并且可以一次使用多种产品对象。

（2）缺点

如要扩展新的具体工厂生产具体产品，则需要修改抽象工厂，对应的具体工厂会随之改变，这违背了开闭原则。

3.4.4　产品多元化实际问题

3.3 节说到公司成熟之后，一般会进行多产品的设计与销售，抽象工厂模式正好可以应用到多产品设计中。小码路的公司发展得越来越好，为了更好地营利，小码路开始进行公司拆分，以达到子公司生产多种产品的目的，实现"产品多元化"。

（1）主题——产品多元化

小码路公司的手机事业部和电视事业部，分别生产"小码数字系列手机"和"小码高清电视"。同样，大不点公司也成立相同的两大部门，分别生产"小花女士手机"和"小花女士电视"，如图 3-12 所示。

抽象工厂多样化

▲图 3-12　抽象工厂多样化

请用抽象工厂模式实现在一个工厂里生产手机和电视两种产品。

（2）设计——一个工厂、两种产品

"小码路公司"和"大不点公司"在软件设计中被称为两个具体工厂，一个具体工厂对应两种不同的产品对象："小码路公司"生产"小码数字系列手机"和"小码高清电视"；"大不点公司"生产"小花女士手机"和"小花女士电视"。这正是抽象工厂模式精髓的体现。用抽象工厂模式实现一个工厂生产两种产品的具体思路如下。

第一步：一个工厂生产多种产品，"小码路公司"和"大不点公司"是具体工厂，手机和电视是具体产品。

第二步：有具体也就存在抽象，两个具体工厂继承自抽象工厂，并且实现对应的生产两种产品的方法；每一种方法生产一种产品，一个工厂有两种方法，也就实现了一个工厂生产两种产品的功能。

第三步：客户端创建具体的工厂对象，这个工厂对象调用不同的生产产品对象的方法，实现不同产品的生产。如果要考虑扩展其他工厂，需要在抽象工厂下另外扩展一个具体工厂，并且增加抽象工厂的虚方法。

结合 3.4.2 小节讲解的抽象工厂模式的 UML 类图，用该模式解决公司拆分、产品多元化的问题，实现更好营利的实际需求，扩充的 UML 类图如图 3-13 所示。

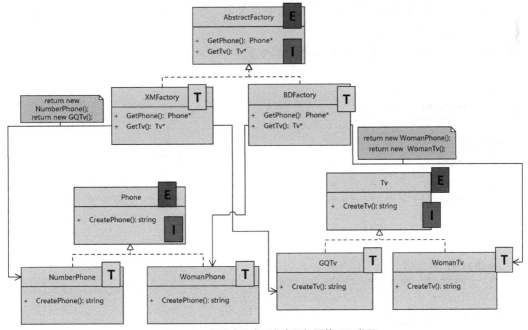

▲图 3-13　解决产品多元化实际问题的 UML 类图

图 3-13 中明确了用抽象工厂模式解决拆分公司、实现更好营利的 UML 类图程序设计

清单，这个 UML 类图将程序设计的各个类方法之间的关系展现了出来，并且包含实现细节，3.4.5 小节的代码设计是根据这个 UML 类图完成的。这个程序设计清单主要包括如下内容。

① 抽象工厂基类 AbstractFactory 和具体工厂派生类 XMFactory、BDFactory：抽象工厂基类与每个具体工厂派生类之间分别形成 EIT 造型，具体工厂派生类包含两个类方法 GetPhone() 和 GetTv()，这两个类方法分别实现生产 Phone 和 Tv 产品对象的功能。

② 抽象产品基类 Phone 和具体产品派生类 NumberPhone、WomanPhone，抽象产品基类 Tv 和具体产品派生类 GQTv、WomanTv：Phone 类和 NumberPhone 类、Phone 类和 WomanPhone 类分别形成 EIT 造型，实现各自的 CreatePhone() 方法；Tv 类和 GQTv 类、Tv 类和 WomanTv 类分别形成 EIT 造型，实现各自的 CreateTv() 方法。

③ 客户端 Client：构造具体工厂派生类 XMFactory 和 BDFactory，每个具体工厂派生类对象调用自身的两个类方法，实现两种产品的生产。

3.4.5　用抽象工厂模式解决问题

3.4.4 小节详细讲解了用抽象工厂模式解决公司拆分、产品多元化问题的方法，其中的 UML 类图程序设计清单为代码设计奠定了基础，利用 3.4.4 小节的思路和设计步骤可以很好地实现一个公司生产两种产品的功能。下面是用抽象工厂模式实现"小码路公司"生产"小码数字系列手机"和"小码高清电视"两种产品、"大不点公司"生产"小花女士手机"和"小花女士电视"两种产品的具体步骤。

第一步：设计抽象产品基类和具体产品派生类。

```
#pragma once
#include <iostream>
using namespace std;
#include <string>

//抽象产品
class Phone
{
    public:
      virtual string CreatePhone()=0;
};

class Tv
{
    public:
        virtual string CreateTv()=0;
};

//具体产品1：小码路公司
class NumberPhone:public Phone
{
    public:
        string CreatePhone()override
```

```
        {
            return "小码数字系列手机";
        }
};

class GQTv:public Tv
{
    public:
        string CreateTv()override
        {
            return "小码高清电视";
        }
};

//具体产品2：大不点公司
class WomanPhone:public Phone
{
    public:
        string CreatePhone()override
        {
            return "小花女士手机";
        }
};

class WomanTv:public Tv
{
    public:
        string CreateTv()override
        {
            return "小花女士电视";
        }
};
```

第二步：设计抽象工厂基类和具体工厂派生类。

```
//抽象工厂
class AbstractFactory
{
    public:
        virtual Phone* GetPhone()=0;
        virtual Tv* GetTv()=0;
};

//具体工厂1：小码路工厂
class XMFactory:public AbstractFactory
{
    public:
        Phone* GetPhone()override
        {
            return new NumberPhone();
        }

        Tv* GetTv()override
        {
            return new GQTv();
```

```
        }
};

//具体工厂 2：大不点工厂
class BDFactory:public AbstractFactory
{
    public:
        Phone* GetPhone()override
        {
            return new WomanPhone();
        }

        Tv*  GetTv()override
        {
            return new WomanTv();
        }
};
```

第三步：产品多元化的客户端调用。

```
#include "ap.h"

int main()
{
    //小码路工厂生产小码系列产品
    XMFactory *xmFactory = new XMFactory();
    string phone = xmFactory->GetPhone()->CreatePhone();
    string tv = xmFactory->GetTv()->CreateTv();
    cout<<"小码路公司："<<phone<<" + "<<tv<<endl;

    //大不点工厂生产小花系列产品
    BDFactory *bdFactory = new BDFactory();
    phone = bdFactory->GetPhone()->CreatePhone();
    tv = bdFactory->GetTv()->CreateTv();
    cout<<"大不点公司："<<phone<<" + "<<tv<<endl;
    delete xmFactory;
    delete bdFactory;

    return 0;
}
```

结果显示：

小码路公司：小码数字系列手机 + 小码高清电视
大不点公司：小花女士手机 + 小花女士电视

注：为了和设计模式概念对应，文中部分把"公司"换成"工厂"，以便读者理解。

3.4.6　小结

本节延伸 3.3 节中的故事情节，首先与 3.3 节中的工厂方法模式进行了简单对比，明确了抽象工厂模式解决"一对多"的问题，工厂方法模式解决"一对一"的问题，两者各有利弊；然后用抽象工厂模式实现了公司拆分、产品多元化，其中的 UML 类图程序设计清单完整描述了代码设计步骤。读者应学会在实际项目开发中理解并运用抽象工厂模式。

思而不罔

简述程序设计中的链式调用，在类设计中这种调用有什么需要注意的地方？

若此时成立"小雨公司"，产品定位是老年电视和老年手机，请完成相关设计。

温故而知新

抽象工厂模式实现了一个具体工厂生产多种具体产品的功能，这种设计可以使开发者直接通过同一个工厂对象产生多种不同的实例产品对象，不用多次创建产品对象的类实例，从而减少不必要的内存消耗。这样设计出来的代码简洁、优雅。

工厂方法模式和抽象工厂模式都是通过抽象基类的设计，使工厂和产品产生对应关系，而如何去除抽象虚基类的方法，并在此基础上还能实现工厂与产品的联系呢？下一节的简单工厂模式将为读者揭开谜底。

3.5　简单工厂模式——多款式手机

简单工厂模式可以说是工厂相关模式中最常见、最容易理解的一种设计模式，也是工厂相关模式中最简单实用的软件设计模式。本节将带领读者学习简单工厂模式。

3.5.1　用形参去抽象

利用"去抽象"的软件设计方法，实现工厂与产品的对应关系是简单工厂模式的核心，下面就分别用书面语和大白话讲解什么是简单工厂模式。

（1）用书面语讲简单工厂模式

简单工厂模式是指一个工厂对象通过其自身方法中的形参变量决定创建产品的类型。

（2）用大白话讲简单工厂模式

在软件设计中，面向对象编程的设计都可以理解为一个简单工厂模式，通俗地说就是将创建一个对象的任务放到一个工厂类中封装起来，然后通过这个工厂类方法的参数，选择想要创建的对象。

什么情况下会用到简单工厂模式呢？举例如下。

① 小米 11 的工厂生产"小米 11 青春版"产品或"小米 11Ultra 版"产品。

② 用户根据不同的出行需求选择购买越野车或轿车。

关键词：对象、封装、参数。

3.5.2　角色扮演

3.5.1 小节很清楚地说明了简单工厂模式通过去除工厂类中的抽象方法，用工厂类方法中的参数来决定生产哪种产品，简单工厂模式的 UML 类图如图 3-14 所示。

从图 3-14 中可以看出：工厂类通过形参代表的产品类型决定该工厂生产哪种产品，在软件设计中这是一种比较常见的设计方法。图 3-14 所示的简单工厂模式的 UML 类图所包含的具体角色如下。

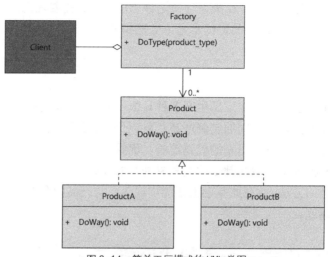

▲图 3-14　简单工厂模式的 UML 类图

① 工厂类 Factory：包含一个普通的方法 DoType()，客户端根据参数 product_type 创建不同的具体产品类 ProductA 或具体产品类 ProductB。

② 抽象产品基类 Product 和具体产品派生类 ProductA、ProductB：Product 描述所有实例共有的公共接口 DoWay()，派生类 ProductA、ProductB 负责具体的实现，并且该接口由①中工厂类 Factory 创建具体产品对象后被调用。

3.5.3　有利有弊

工厂方法模式和抽象工厂模式都是通过抽象工厂类和具体工厂类的组合来创建产品对象的，而简单工厂模式摆脱了抽象工厂类的设计，仅需要设计一个工厂类角色，产品对象的创建由工厂类角色的形参类型决定，其优点和缺点如下。

（1）优点

由参数类型决定创建对象类别，用户不用关心创建对象的具体逻辑。

（2）缺点

在不调用工厂类的时候没办法完成产品实例的创建。

3.5.4　多款式手机实际问题

简单工厂模式在实际应用中存在较多案例。3.4 节中小码路公司独立后，营销效果还不错，之后又开始针对不同年龄段的人设计不同的手机，由同一个工厂进行加工。

（1）主题——多款式手机

小码路公司的手机事业部根据不同市场需要，生产 3 种不同款式的手机——男士手机、女士手机和儿童手机，简单工厂参数化如图 3-15 所示。

请用简单工厂模式根据参数化原料生产不同款式的手机。

（2）设计——包装细节

一个工厂统一定制生产 3 种不同款式的手机，工厂根据手机类型决定生产不同的产品。这种思路正是简单工厂模式的核心，简单工厂模式解决该问题的步骤如下。

第一步：工厂（类）生产 3 种款式的手机，手机上有能够区分不同款式手机的标志，工厂根据不同的标志进行不同手机产品对象的构造。

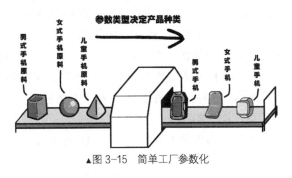

▲图 3-15 简单工厂参数化

第二步：抽象产品基类和具体产品派生类依然构成组合，具体产品派生类正是工厂需要进行生产的具体对象。

第三步：工厂不再区分抽象工厂和具体工厂，工厂类的建立去除了抽象的概念（这是简单工厂模式与抽象工厂模式、工厂方法模式最大的区别）。

结合 3.5.2 小节讲解的简单工厂模式的 UML 类图，用该模式解决多款式手机生产问题，其 UML 类图如图 3-16 所示。

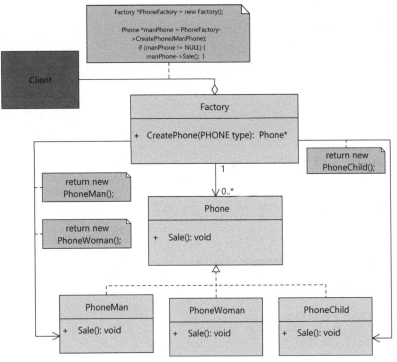

▲图 3-16 解决多款式手机生产问题的 UML 类图

　　图 3-16 中明确了不用抽象工厂模式也可以达到一个工厂生产多种产品的目的，该图详细地展示了这种设计思路的具体细节和程序设计清单，3.5.5 小节的代码是根据它进行编写的。图 3-16 中简单工厂模式解决实际问题的程序设计清单主要包括如下内容。

　　① 工厂类 Factory：其中的 CreatePhone(PHONE type)方法根据手机产品的类型进行不同 Phone 对象的创建，手机款式为一个枚举 PHONE 类型。

　　② 抽象产品基类 Phone 和具体产品派生类 PhoneMan、PhoneWoman、PhoneChild：具体产品派生类对应①中手机的 3 种 PHONE 类型，实现自身的 Sale()方法。

　　③ 客户端 Client：构造工厂类 Factory 的对象 PhoneFactory，这个对象调用 CreatePhone(PHONE type)方法，根据传入的手机类型 ManPhone，生产具体的产品。

3.5.5　用简单工厂模式解决问题

　　使用简单工厂模式解决 3.5.4 小节中一个工厂生产多种产品的问题时，工厂类的方法仅通过参数类型构造不同的产品对象。根据 3.5.4 小节中的 UML 类图的详细程序设计清单设计的代码如下。

　　第一步：设计抽象手机和具体手机。

```cpp
#pragma once
#include <iostream>
using namespace std;

typedef enum PhoneType
{
    ManPhone,
    WomanPhone,
    ChildPhone
}PHONE;

class Phone
{
    public:
        virtual void Sale() = 0;
};

class PhoneMan: public Phone
{
    void Sale()
    {
        cout<<"Sale Man Phone"<<endl;
    }
};

class PhoneWoman: public Phone
{
    void Sale()
    {
```

```
            cout<<"Sale Woman Phone"<<endl;
    }
};

class PhoneChild: public Phone
{
    void Sale()
    {
        cout<<"Sale Child Phone"<<endl;
    }
};
```

第二步：设计工厂类进行加工。

```
//工厂类
class Factory
{
    public:
        Factory(){}
        Phone* CreatePhone(PHONE type)
        {
            switch(type)
            {
                case ManPhone:
                    return new PhoneMan();
                case WomanPhone:
                    return new PhoneWoman();
                case ChildPhone:
                    return new PhoneChild();
                default:
                    return NULL;
            }
        }
};
```

第三步：客户端控制手机生产。

```
#include "sg.h"

int main()
{
    //产生一个工厂类对象
    Factory *PhoneFactory = new Factory();
    //生产男士手机
    Phone *manPhone = PhoneFactory->CreatePhone(ManPhone);
    if (manPhone != NULL)
    {
        manPhone->Sale();
    }
    //生产女士手机
    Phone *womanPhone = PhoneFactory->CreatePhone(WomanPhone);
    if (womanPhone != NULL)
    {
```

```
        womanPhone->Sale();
    }
    //生产儿童手机
    Phone *childPhone = PhoneFactory->CreatePhone(ChildPhone);
    if (childPhone != NULL)
    {
        childPhone->Sale();
    }

    delete PhoneFactory;

    delete manPhone;

    delete womanPhone;

    delete childPhone;
}
```

结果显示：

```
Sale Man Phone
Sale Woman Phone
Sale Child Phone
```

3.5.6　小结

本节首先讲述了简单工厂模式与抽象工厂模式的不同，"去抽象"是简单工厂模式的核心思想；然后通过多款式手机实际案例详细讲述了简单工厂模式的设计过程，利用 UML 类图进一步展现了简单工厂模式的优点，即可以在不使用抽象的情况下，实现一个工厂生产不同类型产品的设计。简单工厂模式应用广泛，读者在实际应用中应该多加练习。

思而不罔

程序设计中枚举类型是什么类型？如何定义一个枚举的形参？
请简述一个简单工厂模式的实际应用。

温故而知新

简单工厂模式通过不同的参数传递决定创建不同的对象实例，并且这些对象实例大多具有相似性。与抽象工厂模式和工厂方法模式不同的是，简单工厂模式没有抽象工厂基类，也就不存在继承的方式。程序员只要简单地创建一个对象，并对这个对象的属性和方法进行相应处理，就可返回这个类对象。

工厂相关设计模式在 3.3 节到 3.5 节中已经讲述完毕，读者从中可以了解到工厂与产品对象既可以形成"一对一"的关系，也可以形成"一对多"的关系。程序员在软件设计中经常会遇到更复杂的对象组成，这些对象的部件又是如何组合成一个完整的对象的呢？下一节有关建造者模式的内容会讲解复杂对象的创建过程。

3.6 建造者模式——组装人偶玩具

"建造者"这个名字会使我们联想到建筑工人"建造"房屋，艺术家"建造"艺术品等，通俗点说，可以简单地把"建造"理解为复杂对象的组装过程。如何将庞大的房屋结构通过砖、泥土、钢筋等组装起来？本节的建造者模式详细地说明了这些过程。

3.6.1 构造与表示分离

建造者模式和工厂相关设计模式相比，最大的区别是创建的对象更为复杂，相同点是最终都将创建一个完整的对象，并且建造者模式关注创建的细节和过程。下面就分别用书面语和大白话讲解建造者模式。

（1）用书面语讲建造者模式

建造者模式是指将一个复杂对象的构造与它的表示分离，展现对象内部创建的过程和细节，将创建对象的各种细节按照一定的顺序组装起来，形成一个完整的对象。建造者模式注重创建对象的过程，返回创建对象的结果。

（2）用大白话讲建造者模式

在软件设计中，开发者经常需要解决复杂对象的组成问题，例如，一份简历由应聘者的姓名、电话和履历等组成，为了创建简历这个复杂对象的组成部分，开发者需要一步一步地将复杂对象（简历）按模块（姓名、电话、履历等）搭建出来。并且，构造复杂对象的过程和构造对象本身解耦，将两者剥离，达到构造过程和对象都可以自由扩展的目的。

什么情况下会用到建造者模式呢？举例如下。

① 一个对象由多个部件通过"装配"完成：汽车由轮胎、发动机和车厢等组装而成。

② 建造一栋房子：房子由木头、砖和水泥等组成。

关键词：复杂对象、组装。

3.6.2 角色扮演

3.6.1 小节清楚地说明了建造者模式关注的重点是创建复杂对象，这个复杂对象必然是由多个部件组成的，将其中每个部件的构造单独写成一个方法，构造的过程也对应一个方法，这样构造过程和构造对象分离，实现最大程度的解耦。建造者模式的 UML 类图如图 3-17 所示。

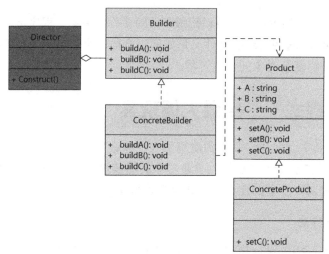

▲图 3-17　建造者模式的 UML 类图

从图 3-17 中可以看出：建造者模式的创建过程对象 Builder 和创建实例对象 Product 是独立的，并且每个构造实例对应一个构造过程方法。图 3-17 所示的建造者模式的 UML 类图所包含的具体角色如下。

① 程序入口类对象（指挥创建过程的指挥者）Director：这个对象通过 Construct()方法构造一个 Builder 接口实例，封装了构造复杂对象的过程，是程序的入口。

② 构造对象基类 Builder 和派生类 ConcreteBuilder：基类将对象的各个组成部分抽离成具体的方法 buildA()、buildB()和 buildC()，与 Director 对象一起将一个复杂对象的构造过程与其分离，使得同样的构造过程可以创建不同的对象。

③ 具体创建的最终产品对象基类 Product 和派生类 ConcreteProduct：产品对象的公共组成方法 setA()和 setB()写在基类 Product 中，各自独立的部分剥离成抽象方法 setC()，由具体的产品对象 ConcreteProduct 实现。

3.6.3　有利有弊

建造者模式关注的是创建过程，并且把创建过程和对象进行分离，具有拆分创建复杂对象、组建完整结果的功能。建造者模式的优点和缺点如下。

（1）优点

构造过程与对象本身解耦，程序可扩展性强。

（2）缺点

程序入口类对象 Director 可以被认为是多余的，其构造和销毁会对内存和性能产生影响。

3.6.4　组装人偶玩具实际问题

一个复杂的对象由很多部件组成，如一个人偶玩具由头、手等部件组成。幼时的小码路经常通过组装人偶玩具来打发时间。

（1）主题——组装人偶玩具

小码路作为一名"指挥者"，经常把分离的多个人偶玩具部件组装成一个完整的人偶玩具，如图 3-18 所示。

▲图 3-18 组装人偶玩具

请用建造者模式将多个部件组装成一个完整的人偶玩具。

（2）设计——多个部件的合作

建造者模式解决的问题是包括许多复杂部件的人偶玩具的组装（创建），需要将头部、手部、脚部等部件的创建细节独立出来，最后定义一个指挥者，根据小码路的偏好来构造不同的人偶玩具。用建造者模式实现人偶玩具组装的具体步骤如下。

第一步：人偶玩具是一个复杂对象，将这个复杂对象设计成一个类，类中有多个具体部件。

第二步：人偶玩具组装过程的抽象对象和具体对象，共同完成第一步中人偶玩具的组装，并将构造过程和第一步中的构造对象独立成两个类。

第三步：将指挥者独立成一个类，构造具体构造过程中的类对象，"指挥"不同人偶玩具的组装过程，使部件形成不同的人偶玩具。

根据以上设计步骤，并结合 3.6.2 小节讲解的建造者模式的 UML 类图，用该模式实现人偶玩具的组装，解决组装人偶玩具实际问题的 UML 类图如图 3-19 所示。

图 3-19 中明确了用建造者模式可以解决复杂对象构造的问题，说明了构造过程和构造对象是两个独立的个体，并展现了详细的程序设计清单，3.6.5 小节的程序设计就是根据这个 UML 类图完成的。图 3-19 所示的整个程序设计清单主要包括如下内容。

① 人偶玩具类对象 People：它主要由成员变量 head、body、hand 和 feet 组成，并且每个组成部分分别对应一个类方法，即 setHead(string head)、setBody(string body)、setHand(string hand)

和 setFeet(string feet)。

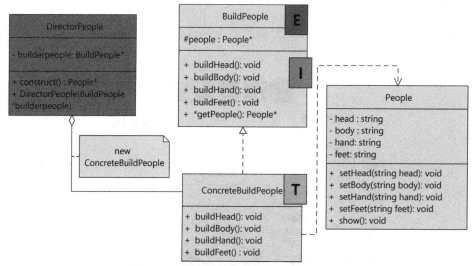

▲图 3-19 解决组装人偶玩具实际问题的 UML 类图

② 基类对象 BuildPeople 和具体派生类对象 ConcreteBuildPeople：基类对象、基类中的抽象方法与具体派生类对象构成 EIT 造型，利用方法 buildHead()、buildBody()、buildHand() 和 buildFeet()负责人偶玩具类对象 People 的组装，再利用 getPeople()方法返回人偶玩具类对象。

③ 建造者模式里的指挥者对象 DirectorPeople：该对象中只有一个 BuildPeople 成员变量，该成员变量 BuildPeople 对象是在 DirectorPeople 执行构造函数时完成的，最后，指挥者通过 construct()方法"指挥"人偶玩具 People 的创建。

3.6.5 用建造者模式解决问题

3.6.4 小节详细讲解了用建造者模式解决人偶玩具组装问题的过程，根据上一小节的设计步骤完成以下程序设计。

第一步：设计复杂的人偶玩具类对象。

```
#pragma once
#include <cstring>
#include <iostream>
using namespace std;

//产品角色：包含多个组成部件的复杂对象
class People
{
    public:
        void setHead(string head)
        {
            this->head=head;
```

```
                cout<<head<<endl;
        }
        void setBody(string body)
        {
            this->body=body;
            cout<<body<<endl;
        }
        void setHand(string hand)
        {
            this->hand=hand;
            cout<<hand<<endl;
        }
        void setFeet(string feet)
        {
            this->feet=feet;
            cout<<feet<<endl;
        }
        void show()
        {
            cout<<"人偶玩具构造完成"<<endl;
        }
    private:
        string head;
        string body;
        string hand;
        string feet;
};
```

第二步：构造抽象建造者和具体建造过程类对象。

```
//抽象建造者：包含创建产品各个部件的抽象方法
class BuildPeople
{
    //创建产品对象
    protected:
        People *people=new People();
    public:
        virtual void buildHead()=0;
        virtual void buildBody()=0;
        virtual void buildHand()=0;
        virtual void buildFeet()=0;
        //返回产品对象
        People *getPeople()
        {
            return people;
        }
};

//具体建造过程：实现抽象建造者接口方法
class ConcreteBuildPeople:public BuildPeople
{
    public:
        void buildHead()
        {
            people->setHead("建造 人偶玩具的头");
        }
```

```cpp
    void buildBody()
    {
        people->setBody("建造 人偶玩具的身体");
    }
    void buildHand()
    {
        people->setHand("建造 人偶玩具的手");
    }
    void buildFeet()
    {
        people->setFeet("建造 人偶玩具的脚");
    }
};
```

第三步：构造程序入口类返回人偶玩具类对象。

```cpp
//程序入口类：调用建造者中的方法完成复杂对象的创建
class DirectorPeople
{
    private:
        //抽象类实例化派生类
        BuildPeople *builderpeople=new ConcreteBuildPeople();
    public:
        DirectorPeople(BuildPeople *builderpeople)
        {
            this->builderpeople=builderpeople;
        }
        //产品构造与组装方法
        People *construct()
        {
            builderpeople->buildHead();
            builderpeople->buildBody();
            builderpeople->buildHand();
            builderpeople->buildFeet();

            return builderpeople->getPeople();
        }
};
```

第四步：人偶玩具客户端的实现。

```cpp
#include "p.h"

int main()
{
    BuildPeople *builder=new ConcreteBuildPeople();
    DirectorPeople *director=new DirectorPeople(builder);
    People *people=director->construct();
    people->show();

    delete builder;
    delete director;
    delete people;
    return 0;
}
```

结果显示：

```
建造  人偶玩具的头
建造  人偶玩具的身体
建造  人偶玩具的手
建造  人偶玩具的脚
人偶玩具构造完成
```

3.6.6　小结

本节首先讲述了建造者模式是一个创建复杂对象的模式，通过列举汽车、房子等实际例子来说明该模式的特点；然后引入组装人偶玩具这一具体问题，通过 UML 类图程序设计清单完成了代码的设计。读者应该明白：建造者模式实际应用在构造复杂事物上。

思而不罔

程序设计中 this 指针是如何应用的？抽象基类在什么情况下可以实例化具体的派生类？

3.6.3 小节中提到 Director 类对象会消耗内存，那么将其删除后，是否同样可以完成本节人偶玩具的组装过程？

温故而知新

建造者模式实现了具体的建造过程与建造的产品对象的分离，将产品对象的组装细节进行隐藏，用户如要定义一个新的产品，只需再构造一个具体建造过程的派生类对象。建造者模式和工厂相关设计模式都是创建产品对象的模式，它们应用在不同的场景，共同为软件开发的设计模式"做贡献"。

创建型设计模式关注的是对象的创建结果，那么这些结果是如何来的？又是如何进行组装的？这些疑问的解答是下一章的重点内容。

3.7　总结

本章主要讲解了六大创建型设计模式：单例模式解决在整个程序生命周期中只构造一个实例的问题；原型模式通过复制的方式在一个对象存在的情况下生成多个对象；工厂方法模式是一个工厂对应一种产品的应用；抽象工厂模式则是实现一个工厂对应多种产品的方式；简单工厂模式通过参数传递的方法，取代工厂抽象继承来实现产品的创建；建造者模式在创建复杂对象时最为常用。

创建型设计模式是一类关注对象创建的设计模式，注重对象创建的结果，忽略对象创建的过程。在工厂相关设计模式的讲解中，读者明确了工厂方法模式、抽象工厂模式、简单工厂模式之间的区别与联系：工厂方法模式通过继承方式只负责创建一种产品，抽象工厂模式通过继承和组合方法负责创建一系列产品，简单工厂模式则摆脱了继承的使用。读者应熟悉这些设计模式的不同之处，这对读者在设计模式的选择上有很大帮助。

为了方便读者今后在软件开发中回忆起创建型设计模式的类别和具体细节，下面将本章中的六大创建型设计模式的核心和实际案例列举出来，如表 3-1 所示。

表 3-1　六大创建型设计模式的核心和实际案例

设计模式	核心	实际案例
单例模式	全局唯一，加锁必备	只有一个班长
原型模式	复制胜过 new 语法	证书制作
工厂方法模式	一个工厂、一种产品	成立事业部
抽象工厂模式	一个工厂、多种产品	产品多元化
简单工厂模式	去抽象、去继承	多款式手机
建造者模式	构造过程与构造对象分离	组装人偶玩具

至此，我们明确了六大创建型设计模式，以及各个模式的核心，读者应能在应用每个设计模式之前联想到本章讲解的具体案例，它们将为读者进行软件开发、熟练运用设计模式奠定良好基础。

第4章　七大结构型设计模式

一天，小码路工作的单位发了一个需要拼装的航天模型，小码路兴高采烈地花费将近 3 小时，终于将简单的、零散的小模型组成了一个复杂的、完整的航天模型。航模的组装过程其实和本章将要讲解的结构型设计模式的核心思想是一致的。

结构型设计模式考虑的是如何将各个类对象结合在一起形成更复杂和更完整的结构。正如上方提到的航模组装过程，即用简单的模型成功"拼接"出功能更强大的结构体。

结构型设计模式分为类结构型模式和对象结构型模式。前者由多个类组合成一个庞大的系统，各个类之间存在继承和实现关系，它主要关注类的组合，适配器模式就是其中之一；后者通过关联在一个类中事先定义好的另一个类的实例对象，调用该对象的类方法，它主要关注类与对象的组合，主要有代理模式、桥接模式、装饰模式、外观模式、享元模式和组合模式。本章所要讲解的七大结构型设计模式和其对应的实际案例如图 4-1 所示。

▲图 4-1　七大结构型设计模式和其对应的实际案例

下面将带领读者，将理论付诸实践，从具体情境中学习结构型设计模式。

4.1　适配器模式——电源适配器

提及适配器，我们能够联想到计算机适配器、手机充电器适配器等，它们的功能是将电源与计算机或手机进行连接，实现充电。正如这些适配器一样，本章将要讲解的适配器模式也发挥"充电"的作用，通过"第三方桥梁"实现类与类之间的通信与联系。

4.1.1　第三方桥梁

软件开发中经常会遇到两个类接口不兼容的问题，此时两个不兼容的类之间需要通过"适配器"来建立联系。下面分别用书面语和大白话说明适配器模式的基本理论。

（1）用书面语讲适配器模式

适配器模式是指将两个不兼容的类接口"适配"成兼容的类接口，这样原本因为接口不兼容而不能在一起工作的类，现在就可以进行组合工作了，适配器模式的核心做法是将类自身的接口封装在一个已经存在的类方法中。

（2）用大白话讲适配器模式

软件开发中，程序员经常会遇到两个不相关的类对象之间需要进行通信协作的情况，此时由于接口不匹配，程序员需要修改各个类的接口，使它们彼此之间能够建立联系。适配器模式就是通过"第三方类"接口，使原本不相干的两个类对象"黏合"在一起，在不修改原代码的基础上完成协作功能。

什么情况下会用到适配器模式呢？举例如下。

① 家用电压是 220V，笔记本电脑充电的电压是 5V，通过电源适配器完成 220V 到 5V 的转换，为笔记本电脑充电。

② 充电头和插座不兼容，买一个转换头就可以解决不兼容问题。

③ 不会讲英语的中国人和不会讲中文的美国人交流，需要翻译协助。

关键词：不兼容、第三方、联系。

4.1.2　角色扮演

程序员在进行软件开发的过程中，若想要使用之前已经设计好的类对象或类方法，此时遇到的问题是无法直接构造类对象，又无法改变已经存在的类。这时程序员只能想办法去适配这个类对象。适配这个类对象通常可以通过多重继承的方式或者通过代理的方式来完成，前者被称为"类适配器"，后者被称为"对象适配器"。

类适配器适用于用 C++编程的架构，因为 C++支持多重继承，其 UML 类图如图 4-2 所示。

在图 4-2 中，目标接口类 Target 想与 Adaptee 类进行联系，由于目标接口类中的类方法 FunA()和 FunB()与 Adaptee 类中的类方法 FunC()没有任何关联，因此此时需要通过 Adapter 类同时派生于接口类 Target 和 Adaptee，实现目标接口类 Target 中的抽象函数 FunB()，最终将 Adaptee 类中的 FunC()转换成目标接口类 Target 需要的 FunB()，达到兼容的目的。

对象适配器通过代理关系实现一个接口与另一个接口之间的匹配，其 UML 类图如图 4-3 所示。

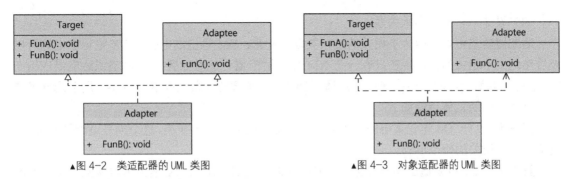

▲图 4-2　类适配器的 UML 类图　　　　　　▲图 4-3　对象适配器的 UML 类图

在图 4-3 中，用户希望使用 Adaptee 类调用目标接口类 Target 中的 FunB() 方法，但是 Adaptee 类中没有这个方法。此时，构造一个对象适配器 Adapter，这个 Adapter 类继承自 Target 类，并且实现具体的 FunB() 方法。关键步骤是 Adapter 类中必须包含一个 Adaptee 类的类对象实例，这个类对象可以在构造 Adapter 类的时候实例化，并且这个类对象是调用自身类方法 FunC() 的实例，类适配器使用组合的形式实现了兼容。

4.1.3　有利有弊

适配器模式将原本不兼容的接口"黏合"在一起，实现不兼容接口之间的"兼容合作"，但这样的做法改变了接口的兼容性，设计出来的代码会给人一种混乱的感受。适配器模式的优点和缺点如下。

（1）优点

① 在不改变原有框架的基础上，让本无联系的类之间进行通信。

② 通过继承或组合的形式实现适配器功能。

（2）缺点

① 第三者桥梁作为适配器会带来额外的开销。

② 对开发者或维护者来说，理解代码的难度加大了。

4.1.4　电源适配器实际问题

现实生活中经常会遇到眼前的事物不能满足要求，但此时又急需使用眼前的事物的情况，于是可以利用"第三方桥梁"让眼前事物发挥作用。

（1）主题——电源适配器

小码路多年前购买的 LX 笔记本电脑的电源适配器丢了，身边只有 XM 笔记本电脑的电源适配器，笔记本电脑电源适配器解决方案如图 4-4 所示。

请用适配器模式完成利用 XM 笔记本电脑的电源适配器为 LX 笔记本电脑充电的解决方案。

▲图 4-4　笔记本电脑电源适配器解决方案

（2）设计——多重继承关系

适配器模式可以将两个不相关的接口类联系起来：XM 笔记本电脑和 LX 笔记本电脑可以被看作两个不相关的类，现在只有一个 XM 电源适配器，此时如要将 XM 电源适配器应用在 LX 笔记本电脑上，就需要在 XM 电源适配器和 LX 电源适配器之间进行转换。用适配器模式解决上述问题的具体步骤如下。

第一步： 设计 XM 笔记本电脑到 LX 笔记本电脑的适配器转换类，这个类是适配器的关键，连接了本不相关的两个事物。

第二步： LX 电源适配器是目标类，XM 电源适配器应用在 LX 笔记本电脑上，两者是不相关的类设计。

第三步： 适配器转换类继承自 LX 笔记本电脑类，LX 笔记本电脑类继承自 XM 笔记本电脑类，设计一个类适配器对象，客户端通过构造适配器类将两者联系起来。

结合 4.1.2 小节讲解的适配器模式的 UML 类图，利用它解决笔记本电脑电源适配器实际问题，按照以上设计步骤，其对应的 UML 类图如图 4-5 所示。

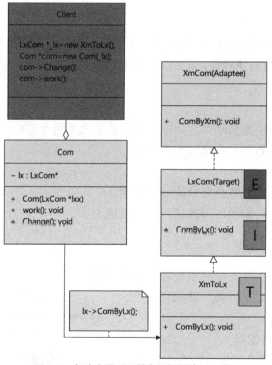

▲图 4-5　解决电源适配器实际问题的 UML 类图

图 4-5 中明确了 XM 电源适配器到 LX 电源适配器的电源适配器转换类的关键设计，UML 类图展现了各个类之间具体的关系和整个框架详细的程序设计清单，4.1.5 小节的代码正是根据这个清单进行设计的。图 4-5 所示的 UML 类图主要包括如下内容。

① XM 笔记本电脑类 XmCom：实现 XM 电源适配器与 XM 笔记本电脑对应关系的 ComByXm()方法，是整个设计的基类。

② LX 笔记本电脑类 LxCom：继承自①中的 XmCom 类，声明一个适配器转换虚方法 ComByLx()，并且与派生适配器转换类 XmToLx 组成 EIT 造型，XmToLx 类实现双重继承，完成具体的 ComByLx()方法。

③ 适配器类 Com：定义一个 LxCom 对象 lx，这个对象通过 Change()方法调用②中实现的具体方法 ComByLx()，完成适配器的转换。

④ 客户端 Client：构造派生适配器转换类 XmToLx 对象_lx，这个对象通过适配器类 Com 的构造函数完成③中 LxCom 对象的构造，LxCom 对象可以调用自身的方法，从而实现电源适配器的转换。

4.1.5 用适配器模式解决问题

4.1.4 小节详细说明了如何使用适配器模式解决笔记本电脑电源适配器转换的问题，按照 4.1.4 小节中的具体步骤和 UML 类图中的详细程序设计清单，完成以下程序设计。

第一步：设计 XM 电源适配器类和 LX 电源适配器类。

```cpp
#pragma once
#include <iostream>
using namespace std;

//原始冲突类: XM 电源适配器
class XmCom
{
    public:
        void ComByXm()
        {
            cout<<"XM 电源适配器仅适用于 XM 笔记本电脑"<<endl;
        }
};
//目标类: LX 电源适配器
class LxCom
{
    public:
        virtual void ComByLx()=0;
};
```

第二步：设计从 XM 到 LX 的适配器转换类。

```cpp
//适配器转换类
class XmToLx:public LxCom,XmCom
{
    void ComByLx()
    {
        this->ComByXm();
        cout<<"将 XM 电源适配器转换成 LX 电源适配器"<<endl;
```

```
        }
};
```

第三步：实现转换类的适配器类。

```
//适配器类
class Com
{
    private:
        //抽象基类实例化其派生类对象
        LxCom *lx=new XmToLx();

    public:
        Com(LxCom *lxx)
        {
            this->lx=lxx;
        }

        void work()
        {
            cout<<"XM 电源适配器可以用在 LX 笔记本电脑上了，LX 笔记本电脑可以正常工作了！
            "<<endl;
        }
        void Change()
        {
            lx->ComByLx();
        }
};
```

第四步：客户端实现适配器的转换。

```
#include "c.h"

int main()
{
    LxCom *_lx=new XmToLx();
    Com *com=new Com(_lx);
    com->Change();
    com->work();
    delete Lx;
    delete Com;

    return 0;
}
```

结果显示：

XM 电源适配器仅适用于 XM 笔记本电脑
将 XM 电源适配器转换成 LX 电源适配器
XM 电源适配器可以用在 LX 笔记本电脑上了，LX 笔记本电脑可以正常工作了！

4.1.6　小结

本节首先用现实生活中的实际案例说明了什么是适配器模式；然后讲述了适配器模式的基

本理论和优缺点，基于笔记本电脑电源适配器转换的实际案例，通过 UML 类图完成了详细的程序设计。适配器模式会给人造成代码混乱的印象，在程序设计中尽量少用。

思而不罔

程序员在用 C++ 进行程序设计时，多重继承是如何用的？还有哪些编程语言支持多重继承？请实现 XM 电源适配器适配到 DE 笔记本电脑。

温故而知新

适配器模式通常解决的是两个类接口不兼容的问题，在软件开发中，这种设计模式应用最多的场景是两个不相关对象之间需要进行通信。因此，程序员必须了解对象的内部，将两个对象解耦，但是增加的适配器类会消耗一定的内存。因此，程序员在面对这样的场景时，应该考虑进行代码重构，而不是增加适配器。

适配器模式实现使原本不兼容的接口之间进行通信的功能。当遇到两个对象不能相互引用的情况时，程序员又该如何做呢？4.2 节的代理模式会给出答案。

4.2 **代理模式——房屋中介**

代理这个词会使我们联想到"代理商""经销商"等现实生活中常见的群体，本节所讲述的代理模式在软件开发中正是发挥了类似于这部分群体的作用。下面让我们来到对象结构型模式的第一站——代理模式。

4.2.1 中介的作用

一个类对象若想引用另外一个类对象，但原本两个对象之间不能相互引用，此时就需要通过代理对象在这两个对象之间发挥中介的作用，间接地实现对象间的相互引用。下面就分别用书面语和大白话讲解代理模式的基本理论。

（1）用书面语讲代理模式

代理模式是为某个对象提供一种中介代理，用来实现对这个对象的访问。具体地说，就是在某些情况下，一个对象不适合或者不能直接引用另外一个对象，此时代理对象就可以在客户端和目标对象（也称"真实对象"）之间起到中介的作用。

（2）用大白话讲代理模式

在软件设计中，假设有发起者和目标者两类人，发起者并不会直接与目标者进行联系，而是去寻找一个介于发起者和目标者之间的中介系统，其主要目的是为目标者提供一个代理者，从而对目标者进行间接"控制"。

什么情况下会用到代理模式呢? 举例如下。

① 演艺界的每个演员都会有一个经纪人, 经纪人与制片公司协调演员正式拍摄前的安排。

② 请大学舍友帮忙带饭。

关键词: 发起者、目标者、中介系统。

4.2.2 角色扮演

4.2.1 小节详细说明了什么是代理模式以及代理模式的作用, 其中代理类的设计是关键。熟悉代理模式的重要组成部分是用其解决问题的第一步。代理模式的 UML 类图如图 4-6 所示。

从图 4-6 中可以看出: 代理对象 Proxy 包含一个真实对象 RealSubject 的实例, 通过公共的接口 CallOn()方法实现代理类与客户端之间的联系。图 4-6 所示的代理模式的 UML 类图所包含的具体角色如下。

① 抽象主体类 AbstractSubject 和真实主体类 RealSubject: 定义一个真实主体和代理类的公共抽象访问接口 CallOn()方法, 真实主体类是代理所表示的真实对象。

② 代理类 Proxy: 这是代理模式的关键设计, 通过构造函数的形式构造真实主体类的对象, 与真实主体类 RealSubject 共同实现 CallOn()方法, 即访问真实主体类的方法。

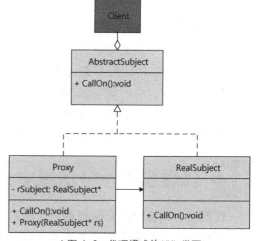

▲图 4-6 代理模式的 UML 类图

③ 客户端 Client: 构造一个真实主体类对象, 通过真实主体类对象构造一个代理对象, 代理对象支持 CallOn()方法, CallOn()方法中调用真实对象的具体业务逻辑。

4.2.3 有利有弊

代理模式中的代理对象解决了客户端和真实对象之间沟通的问题, 将两者解耦, 但是构造复杂的代理对象也会带来一定的资源开销。代理模式的优点和缺点如下。

(1) 优点

① 客户端不用直接访问一个无法或不想访问的对象, 客户端和被访问对象解耦, 降低了整个代码框架的耦合度。

② 代理类和真实主体类实现相同的接口, 减少了接口设计的数量。

(2) 缺点

① 代理对象的构造和销毁会带来一定的资源开销。

② 若代理对象比较复杂, 则会增加阅读和理解方面的困难。

4.2.4　房屋中介实际问题

代理模式在生活中的应用案例有许多，最常见的就是房东把房子交给房屋中介，求租者通过房屋中介找到自己满意的房子，这个过程中房东和求租者不用直接进行交流。下面就是小码路毕业后租房的实际案例。

（1）主题——房屋中介

小码路毕业后通过房屋中介找到了满意的居住场所，代理模式租房中心如图 4-7 所示。

请用代理模式完成小码路、房屋中介和房东之间的租房交易。

（2）设计——中介代理商

使用代理模式解决小码路通过房屋中介租房的问题，房屋中介可以被当作房屋的"代理商"，小码路是客户端，房东是被代理对象，客户端不需要与被代理对象进行联系，"代理商"在中间起中介作用。代理模式实现以上思路的具体步骤如下。

第一步：代理模式的关键是中介类的设计，中介类包含被代理对象类的实例，通过它将客户端与被代理对象之间联系起来。

第二步：设计一个抽象租房接口，被代理对象类和中介类均继承自这个接口，实现具体的租房方法。

第三步：被代理对象与中介进行联系，而与小码路客户端没有联系，小码路客户端通过中介获得理想房源。

根据 4.2.2 小节讲解的代理模式的 UML 类图，以及本小节中的设计思路，使用代理模式解决租房问题的 UML 类图如图 4-8 所示。

▲图 4-7　代理模式租房中心

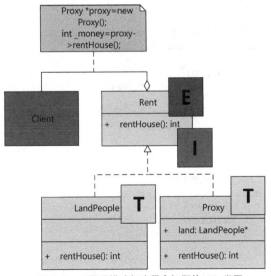

▲图 4-8　用代理模式解决租房问题的 UML 类图

图 4-8 中明确了客户端 Client、中介类 Proxy、被代理对象类 LandPeople 之间的关系，实

现了客户端通过中介类与被代理对象联系。并且，图 4-8 中的 UML 类图展现了整个程序设计清单，这份程序设计清单主要包括如下内容。

① 抽象租房基类 Rent：声明一个租房虚方法 rentHouse()。

② 被代理对象类 LandPeople 和中介类 Proxy：这两个类对象继承自①中的 Rent 类，并且与其分别构成 EIT 造型，实现具体的 rentHouse() 方法，关键之处是中介类 Proxy 包含一个被代理对象类 LandPeople 的实例。

③ 客户端 Client：构造中介类 Proxy，中介类调用自身的 rentHouse() 方法，实现与被代理对象类 LandPeople 的联系。

4.2.5　用代理模式解决问题

4.2.4 小节给出了用代理模式解决房屋中介实际问题的具体步骤和 UML 类图程序设计清单，根据这份详细的程序设计清单，完成以下程序设计。

第一步：设计抽象租房基类。

```cpp
#pragma once
#include <iostream>
using namespace std;

//抽象租房基类
class Rent
{
    virtual int rentHouse()=0;
};
```

第二步：被代理对象类和中介类分别实现接口方法。

```cpp
//被代理对象: 房东
class LandPeople:public Rent
{
    public:
        int rentHouse()
        {
            cout<<"房东需要 100 元租金"<<endl;
            return 100;
        }
};

//中介: 房屋中介
class Proxy:public Rent
{
    public:
        int rentHouse()
        {
            LandPeople *land=new LandPeople();
            int money=land->rentHouse();
            //代理类处理很复杂的任务: 此处省去许多复杂操作
            cout<<"中介此时租出了房东的房子,从中获利 100 元"<<endl;
            delete land
```

```
            return money+100;
        }
};
```

第三步：租户实现租房。

```
#include "l.h"

int main()
{
    Proxy *proxy=new Proxy();
    int _money=proxy->rentHouse();
    cout<<"一共需要 "<< _money<<"元租金才能成功租房"<<endl;
    cout<<"此过程未见过房东，中介起桥梁作用！"<<endl;
    delete proxy;
}
```

结果显示：

> 房东需要 100 元租金
> 中介此时租出了房东的房子，从中获利 100 元
> 一共需要 200 元租金才能成功租房
> 此过程未见过房东，中介起桥梁作用！

4.2.6　小结

本节首先通过"代理商""经销商"这些现实生活中常见的词让读者熟悉代理模式的概念，讲解了代理模式的理论和优缺点；然后用小码路租房案例实现的具体细节和 UML 类图所显示的软件架构，向读者呈现代理模式的具体编程流程。

思而不罔

C++中类的继承构造与析构的执行顺序是怎样的？为什么是这样的顺序？

代理模式是将两个不相关的对象联系在一起，适配器模式是使两个不兼容的接口兼容，请问两者的本质区别是什么？

温故而知新

代理模式的实现方式是被代理对象类和中介类同时派生于抽象基类，中介类包含被代理对象类的实例，客户端通过构造中介类，间接地实现与被代理对象类之间的联系。代理模式很好地将原本不相关的两个对象联系起来，是开发者在软件设计中应首先考虑应用的设计模式。

基类与派生类之间的继承往往会形成高度的耦合关系，如何变换一种实现方式，同样实现不相关的两个对象之间的联系呢？4.3 节的桥接模式将解决此问题。

4.3 桥接模式——随心所欲绘图

桥接，顾名思义，是一种将两个对象"连接"的方法，这种"桥接"的实现方式与前文讲到的适配器模式和代理模式有什么不同呢？本节将揭开其中的奥秘。

4.3.1 继承变聚合

第1章介绍的类间关系中，继承泛化、不可分离组合、可分离聚合关系都是实现类与类之间联系的方式，派生类继承自基类，不可分离组合和可分离聚合在实际软件设计中各有各的应用场景和优缺点，桥接模式就是利用可分离聚合关系将两个类对象联系起来，实现两者之间的相互调用。下面就分别用书面语和大白话讲解桥接模式的基本理论。

（1）用书面语讲桥接模式

桥接模式是指软件设计中将类与类之间的继承泛化关系变换为可分离聚合关系，达到相互联系的目的，这种关系的转换可以将两者之间原本的强关联改为弱关联，更利于架构的修改和维护。

（2）用大白话讲桥接模式

在软件设计中有些角色类设计的目的仅仅是实现两个类之间的联系，这种联系通过常见的继承关系去"连接"会使架构臃肿和复杂，桥接模式的出现解决了这个难题。桥接模式是将抽象部分与具体实现分离开来，这里所说的"抽象与实现分离"并不是让抽象基类与具体派生类分离，而是在实际的软件设计中，使一个事物可以按照一定标准进行分类，如笔记本电脑可以按照品牌进行分类（联想笔记本电脑或小米笔记本电脑），也可以按照系统进行分类（如安装Windows系统的笔记本电脑和安装Linux系统的笔记本电脑），每一种分类在设计中都有可能发生变化。"抽象与实现分离"就是将多个类分离出来，使得它们能够各自进行独立的变化，降低耦合度。这样一来，如果要实现"安装Windows系统的联想笔记本电脑"或者"安装Linux系统的小米笔记本电脑"，只需要利用"品牌类"对象作为参数，在"系统类"中进行对象的传递即可。

什么情况下会用到桥接模式呢？举例如下。

① 家用开关插头与具体电器的关系：冰箱有冰箱的插头，台灯有台灯的插头。

② 特定网络与实物的联系：汽车与其网络的关联称为"车联网"，家用电器与其网络的关联可称为"物联网"。

关键词：聚合、分离、连接。

4.3.2 角色扮演

桥接模式是一种类与类之间的可分离聚合关系，必然有第1章讲解的可分离聚合关系的性质。可分离聚合关系是一种整体与部分的关系，是一种弱的"has"关系，而相对的继承泛化关系是一种强的"is"关系。可分离聚合关系体现了一种对象可以包含另外一种对象，但后者并不是前者的一部分，两者是一种可以进行分离的关系。可分离聚合关系形成的桥接模式的 UML 类图如图 4-9 所示。

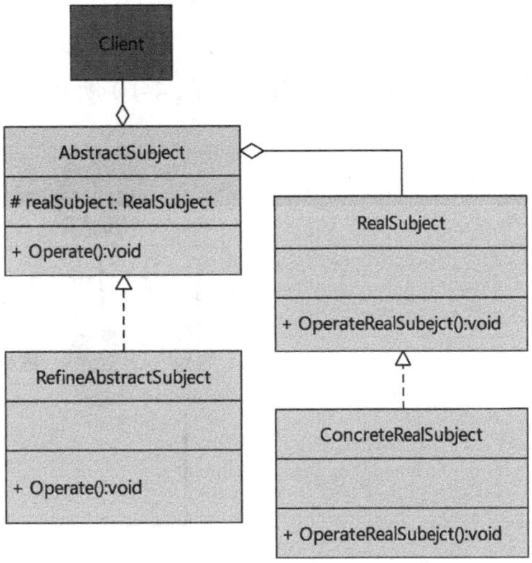

从图 4-9 中可以看出：桥接模式是将抽象主体类 AbstractSubject 和真实抽象主体类 RealSubject 通过可分离聚合关系的方式连接在一起，客户端 Client 可以实现两者的任意聚合，达到想要实现的聚合结果。图 4-9 所示的桥接模式的 UML 类图所包含的具体角色如下。

① 抽象主体类 AbstractSubject 和具体主体类 Refine AbstractSubject：两者是软件系统的一种分类方式，并且包含真实抽象主体类 RealSubject 的实例对象，实现 Operate()方法。

② 真实抽象主体 RealSubject 和真实具体主体 ConcreteRealSubject：两者是软件系统的另一种分类方式，并且包含具体的实现函数 OperateRealSubject()，是实现部分。

▲图 4-9 桥接模式的 UML 类图

③ AbstractSubject 类和 RealSubject 类通过可分离聚合关系连接在一起，完成抽象与实现的分离，被提炼的抽象 AbstractSubject 和具体的实现 RealSubject 之间的聚合是桥接模式的核心。

4.3.3 有利有弊

桥接模式利用可分离聚合关系代替继承泛化关系，实现了一种类与类之间的"弱关联"，这种关系的设计体现了软件设计原则中的开闭原则。桥接模式的优点和缺点如下。

（1）优点

① 程序运行时动态决定类与类之间的关系，抛弃派生类对基类的依赖关系，实现了松耦合，避免了多个继承带来的类设计的臃肿与复杂。

② 如要增加新的种类，只需要在已有架构基础上增加新的实现，不需要改动现有的代码。

（2）缺点

软件设计之初需要花费大量时间去构思软件系统架构的分类及可能遇到的各种组合。

4.3.4 随心所欲绘图实际问题

桥接模式一般解决的是软件系统多维度变化的问题，如开发者为避免因细节变化而改变原有框架，导致出现很多臃肿的代码。小码路在开发一款绘图画板的时候，就遇到了类似的问题。

（1）主题——随心所欲绘图

小码路入职一家少儿智能教育公司后，开发了一款可以绘制不同颜色、不同形状，并将其任意组合的智能画板，如图 4-10 所示。

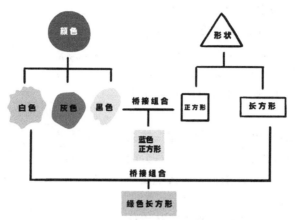

▲图 4-10　桥接模式智能画板

请用桥接模式完成"白色正方形"和"白色长方形"。

（2）设计——各自为一类

若不考虑利用桥接模式，实现方式可以是将形状设为虚基类，实现各个形状的不同颜色的具体方法，或者将颜色设为虚基类，实现各个颜色的不同形状的具体方法。但是这样设计的缺点是，如要增加新的颜色和形状组合，需要同时改变虚基类和具体的派生类，这违背了开闭原则。于是，考虑利用桥接模式完成任意颜色和形状的组合，具体的设计步骤如下。

第一步：使用桥接模式将整个软件系统分为两大类——形状类和颜色类，不同的颜色和不同的形状进行聚合，从而得到不同的结果。

第二步：将形状类和颜色类设为虚基类，两者分别有多个具体派生类，将形状和颜色进行分离，由继承泛化关系变成可分离聚合关系，从而达到绘制不同图像的目的。

结合 4.3.2 小节讲解的桥接模式的 UML 类图，以及根据以上设计思路，使用桥接模式实现随心所欲绘图的 UML 类图如图 4-11 所示。

图 4-11 中明确了颜色类 Color、形状类 Shape 和客户端 Client 之间的关系，前两者之间的聚合可实现不同的图像效果。同时，图 4-11 所示的 UML 类图展现了程序设计清单，下一小节的代码正是根据这个程序设计清单完成的，这份程序设计清单主要包括如下内容。

① 颜色类 Color：这个虚基类声明一个根据形状参数进行绘图的 paint(string shape)接口，并且与 3 个具体的派生类 White、Gray 和 Black 分别构成 EIT 造型，分别实现具体的 paint(string shape)方法。

② 形状类 Shape：这个虚基类声明一个 draw()接口和定义一个颜色类对象 Color，并且与 3 个具体的派生类 Circle、Rec 和 Squ 分别构成 EIT 造型，分别实现具体的 draw()方法，其中

基类的 setColor(Color *color)方法决定当前形状配置的具体颜色类对象。

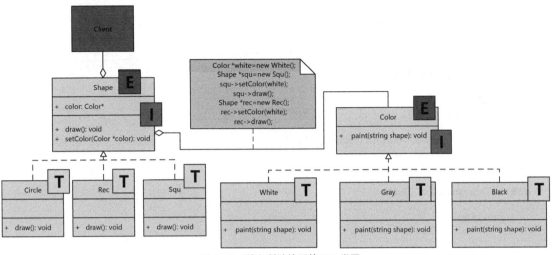

▲图 4-11 随心所欲绘图的 UML 类图

③ 客户端 Client：构造一个具体的颜色对象 white 和形状对象 squ，形状对象 squ 通过 setColor(white)方法将颜色 white 和自身绑定在一起，从而形成"白色的正方形"绘图效果。

4.3.5 用桥接模式解决问题

4.3.4 小节详细讲述了桥接模式实现随心所欲绘图的具体步骤以及对应的 UML 类图，UML 类图可作为详细的程序设计清单，据此实现的整个代码架构如下。

第一步：设计形状类。

```
#pragma once
#include <cstring>
#include <iostream>
using namespace std;

class Color;
//抽象形状类
class Shape
{
    public:
        virtual void draw()=0;
        void setColor(Color *color)
        {
            this->color=color;
        }
    public:
        Color *color;
};

//具体形状类: 3 个形状
class Circle:public Shape
```

```
{
    public:
        void draw()
        {
            color->paint("圆形");
        }
};

class Rec:public Shape
{
    public:
        void draw()
        {
            color->paint("长方形");
        }
};

class Squ:public Shape
{
    public:
        void draw()
        {
            color->paint("正方形");
        }
};
```

第二步： 设计颜色类。

```
//抽象颜色类
class Color
{
    public:
        virtual void paint(string shape)=0;
};

//具体颜色类：3个颜色
class White:public Color
{
    public:
        void paint(string shape)
        {
            cout<<"白色的"<<shape<<endl;
        }
};

class Gray:public Color
{
    public:
        void paint(string shape)
        {
            cout<<"灰色的"<<shape<<endl;
        }
};

class Black:public Color
{
    public:
```

```
        void paint(string shape)
        {
            cout<<"黑色的"<<shape<<endl;
        }
};
```

第三步：客户端画板组合形状和颜色并显示。

```
#include "s.h"

int main()
{
    Color *white=new White();
    //白色的正方形
    Shape *squ=new Squ();
    //组合模式
    squ->setColor(white);
    squ->draw();
    //白色的长方形
    Shape *rec=new Rec();
    rec->setColor(white);
    rec->draw();
    delete white;
    delete squ;
    delete rec;

    return 0;
}
```

结果显示：

```
白色的正方形
白色的长方形
```

4.3.6 小结

本节首先说明了桥接模式的核心思想是"聚合"，介绍了桥接模式的应用场景、基本理论和优缺点；然后通过实现不同颜色、不同形状的组合绘图，进一步说明了桥接模式的优点，并用 UML 类图展现了两者聚合可以形成的结果，实现两者的解耦。软件系统中应该设计尽可能多的类别，使系统更容易扩展，避免不必要的重复设计。

思而不罔

编程时用类指针对象作为形参和用类对象作为形参分别有什么好处？
请读者继续实现"红色的五角星"。

温故而知新

桥接模式避免了类与类之间继承带来的耦合关系，发挥了类与类之间聚合带来的优势。桥接模式的设计需要在代码架构设计之初，充分考虑整个系统架构的分类，尽可能多地分出多个子系统，并且保证各个子系统之间的独立性，这样在后续的代码扩展中可以充分发挥桥接模式的优势。

桥接模式考虑的是通过扩展类来实现不同的聚合结果，在软件设计中，如果遇到需要临时扩展原本存在类的情况，我们首先想到的是直接在该类中增加一个新方法，是否还有其他的设计方案呢？下一节的装饰模式会给出答案。

4.4　装饰模式——火锅加配菜

提到装饰，我们首先想到的是"房屋装饰"这类贴近生活的场景。例如，你买了一套房，完成房屋交接后，你需要对其进行装修，添加家具、家电等，使你的房子焕然一新。与此类似，本节讲解的装饰模式也是这个道理。

4.4.1　添加装饰类

正如装饰房屋一样，装饰模式也是在原有的功能不能满足用户新的需求的情况下，对原有功能进行"添砖加瓦"，增加新的方法来达到满足用户新的需求的目的。下面分别用书面语和大白话向读者讲解装饰模式的基本理论。

（1）用书面语讲装饰模式

装饰模式是指开发者在不改变原有框架（例如已经存在的继承泛化关系、属性、方法等）的基础上，动态扩展一个对象的新功能。装饰模式与桥接模式类似，通过创建一个"装饰对象"，扩展原有对象的属性与方法，实现新的功能。

（2）用大白话讲装饰模式

在软件架构的设计中，开发者一开始是不可能一次性实现所有功能的，当系统需要增加新的功能时，我们首先想到的做法可能是向已经设计好的主类中添加新的方法。但是，我们都知道在原始类中增加的新方法仅在特定场合下才会使用，并且这样会使代码变得臃肿，同时提升类的复杂度。因此，开发者应该考虑的是将需要添加的新方法放到一个独立的类——装饰类中，关键在于装饰类必须包含需要添加新方法的类对象，这样客户端在需要添加新方法时，就可以通过这个类对象调用已经存在或者新添加的方法了。

什么情况下会用到装饰模式呢？举例如下。

① 求职者在大部分面试中需要穿正装，但一些岗位的面试需要将正装换成休闲装。

② 客户首先团购一份美食套餐，在需要的时候另外加菜。

关键词：装饰类、扩展、类对象。

4.4.2　角色扮演

4.4.1 小节详细阐述了装饰模式的理论，列举了装饰模式的应用案例。在进行装饰模式设计之前，了解该模式的主要组成部分至关重要。装饰模式的 UML 类图如图 4-12 所示。

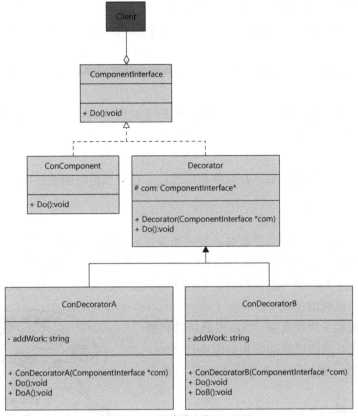

▲图 4-12　装饰模式的 UML 类图

从图 4-12 中可以看出：Decorator 是一个抽象装饰类，这个类包含需要添加新方法的类对象 ComponentInterface，具体装饰类 ConDecoratorA 和 ConDecoratorB 可以动态扩展 ComponentInterface 的功能。图 4-12 所示的装饰模式的 UML 类图所包含的具体角色如下。

① 被装饰的原始抽象接口类 ComponentInterface 和需要装饰的具体实现对象类 ConComponent：两者是继承泛化关系，接口 Do() 可以动态添加新的功能或方法。

② 装饰抽象类 Decorator、具体装饰类 ConDecoratorA 和 ConDecoratorB：Decorator 类继承自 ComponentInterface 类，利用具体装饰类 ConDecoratorA 或 ConDecoratorB 来扩展 ComponentInterface 的功能。

③ 具体装饰类 ConDecoratorA 或 ConDecoratorB：通过自身的构造函数设置 ComponentInterface 类，并且重写其接口函数 Do()，实际执行了 ComponentInterface 类的 Do() 方法。ConDecoratorA 和 ConDecoratorB 类成员 addWork 是新增的属性，DoA() 和 DoB() 是新增的方法，在 Do() 函数的实现中，首先运行 ComponentInterface 类的 Do() 方法，再执行新增的方法和属性，实现对原本 ComponentInterface 类的"包装修饰"。

4.4.3　有利有弊

装饰模式的"装饰类"是一个独立于"被装饰类"的结构设计，"被装饰类"被称为软件架构的核心类，独立意味着脱离耦合，这也是装饰模式的核心。装饰模式的优点和缺点如下。

（1）优点

① 在不修改原始类的前提下，客户端就可以直接实现动态修改或包装已经存在的对象，这符合开闭原则。

② 装饰类中的实现不需要关心核心类的细节，并且核心类也不必知道装饰类的具体实现，只需要在必要时调用核心类对象。

（2）缺点

类似桥接模式，装饰模式要求在软件前期设计中花费一定时间进行构思。

4.4.4　火锅加配菜实际问题

装饰模式解决的是在不改变原有核心类框架设计的基础上，为核心类增加新的属性或方法的问题。程序员在实际软件开发中经常遇到这类问题，毕竟没有一成不变的需求，用什么方法增加新的需求是程序员应该考虑的问题。小码路与朋友一起去店里就餐，就遇到了这类问题。

（1）主题——火锅加配菜

小码路首先团购了火锅套餐，然后根据自己和朋友的口味添加配菜，装饰模式加配菜如图 4-13 所示。

请用装饰模式计算小码路本次请客一共花费多少钱。

（2）设计——核心不变需求变

若不考虑装饰模式，开发者最容易想到的一种设计是，将火锅定义为一个核心类，火锅套餐是其中的核心方法，并且返回火锅套餐的价格；若增加新的海带配菜，就在核心类中增加一个返回海带配菜价格的方法，此方法在调用火锅套餐的基础上增加海带自身

▲图 4-13　装饰模式加配菜

的价格；若增加新的大虾配菜，实现方法类似。这样的设计思路简单，但是操作起来就会发现核心类不断被改变，增加的配菜越多，核心类就会变得越庞大。于是考虑利用装饰模式来解决需求不断增加的问题，应用在"火锅加配菜"的案例上，其具体的实现步骤如下。

第一步："火锅类"可以认为是核心类，核心类派生"火锅套餐类"和"火锅配菜类"，其中"火锅配菜类"是设计的关键，它就是 4.4.2 小节中的"装饰抽象类"，用来扩展新的需求。

第二步：装饰抽象类同时派生多种"火锅配菜类"，每种"火锅配菜类"用来添加一种新的需求，并且包含核心类的实例对象，可以在实例对象的基础上进行价格的叠加计算，最终得出小码路所花费的总金额。

结合 4.4.2 小节讲解的装饰模式的 UML 类图，以及以上具体的实现步骤，使用装饰模式解决火锅加配菜问题的 UML 类图如图 4-14 所示。

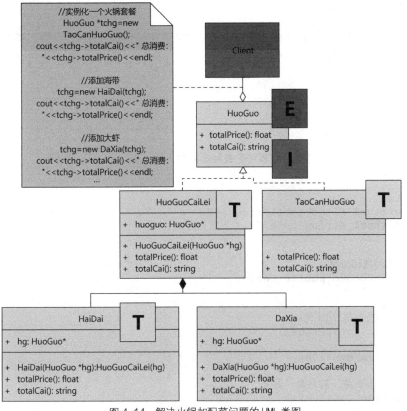

▲图 4-14 解决火锅加配菜问题的 UML 类图

图 4-14 中明确了火锅加配菜问题中装饰模式的核心类 HuoGuo 与装饰类 HuoGuoCaiLei 之间的关系，这种巧妙的关系设计，可以实现在增加 HuoGuoCaiLei 新的需求上，不改变现有核心类 HuoGuo 的设计，并且可以添加多个属性和方法。图 4-14 所示的 UML 类图展示了整个软件架构的程序设计清单，这份清单主要包括如下内容。

① 核心类 HuoGuo：声明一个花费总金额 totalPrice()方法和一个配菜种类 totalCai()方法，并且分别与具体实现对象类 TaoCanHuoGuo 和装饰抽象类 HuoGuoCaiLei 构成 EIT 造型，具体实现对象类实现以上两个虚方法，装饰抽象类 HuoGuoCaiLei 是关键，声明一个核心类的实例对象，通过构造函数的形式实例化对象。

② 装饰抽象类 HuoGuoCaiLei：派生两个具体装饰类 HaiDai 和 DaXia，同样也是核心类 HuoGuo 的派生类，实现三级继承，同时实现①中提到的虚方法，是增加配菜需求的关键组成部分。

③ 客户端 Client：首先实例化一个具体实现对象类 TaoCanHuoGuo，返回火锅套餐的价

107

格，然后实例化具体装饰类对象 **HaiDai** 和 **DaXia**，通过构造函数创建实现对象类对象 **TaoCanHuoGuo**，在完成套餐价格计算的基础上增加配菜的价格，最终返回花费的总金额。

4.4.5　用装饰模式解决问题

　　4.4.4 小节详细介绍了用装饰模式解决火锅加配菜实际问题的详细步骤，其中图 4-14 所示的 UML 类图是整个代码设计的"骨架"，根据这份程序设计清单实现的代码如下。

　　第一步：设计顶层的核心类。

```cpp
#pragma once
#include <iostream>
using namespace std;

//定义一个顶层接口: 声明花费总金额和配菜种类接口
class HuoGuo
{
    public:
        virtual float totalPrice()=0;
        virtual string totalCai()=0;
};

//团购套餐的种类和价格
class TaoCanHuoGuo:public HuoGuo
{
    public:
        //套餐价格 200 元
        float totalPrice()
        {
            return 200;
        }
        //核心配菜: 简写为"套餐"
        string totalCai()
        {
            return "套餐";
        }
};
```

　　第二步：设计装饰抽象类。

```cpp
//火锅配菜类的实现
class HuoGuoCaiLei:public HuoGuo
{
    public:
        HuoGuo *huoguo;
    public:
        //将顶层接口以构造参数的方式传递进来
        HuoGuoCaiLei(HuoGuo *hg)
        {
            this->huoguo=hg;
        }
        //重写顶层接口并调用基类方法
        float totalPrice()
        {
```

```
        return huoguo->totalPrice();
        }
        string totalCai()
        {
            return huoguo->totalCai();
        }
};
```

第三步：设计具体装饰类。

```
//具体的火锅配菜：海带
class HaiDai:public HuoGuoCaiLei
{
    public:
        HuoGuo *hg;
    public:
        HaiDai(HuoGuo *hg):HuoGuoCaiLei(hg)
        {

        }

        //在基类的基础上增加海带的价格 30 元
        float totalPrice()
        {
            return HuoGuoCaiLei::totalPrice()+30;
        }
        string totalCai()
        {
            return HuoGuoCaiLei::totalCai()+"添加了海带配菜，";
        }
};

//具体的火锅配菜：大虾
class DaXia:public HuoGuoCaiLei
{
    public:
        HuoGuo *hg;
    public:
        DaXia(HuoGuo *hg):HuoGuoCaiLei(hg)
        {

        }
        //在基类的基础上增加大虾的价格 60 元
        float totalPrice()
        {
            return HuoGuoCaiLei::totalPrice()+60;
        }
        string totalCai()
        {
            return HuoGuoCaiLei::totalCai()+"添加了大虾配菜，";
        }
};
```

第四步：设计客户端，计算花费总金额。

```cpp
#include "m.h"

int main()
{
    //实例化一个火锅套餐
    HuoGuo *tchg=new TaoCanHuoGuo();
    cout<<tchg->totalCai()<<" 总消费: "<<tchg->totalPrice()<<endl;

    //添加海带
    tchg=new HaiDai(tchg);
    cout<<tchg->totalCai()<<" 总消费: "<<tchg->totalPrice()<<endl;

    //添加大虾
    tchg=new DaXia(tchg);
    cout<<tchg->totalCai()<<" 总消费: "<<tchg->totalPrice()<<endl;

    //再添加一份大虾
    tchg=new DaXia(tchg);
    cout<<tchg->totalCai()<<" 总消费: "<<tchg->totalPrice()<<endl;
    delete tchg;

    return 0;
}
```

结果显示：

```
套餐总消费：200
套餐添加了海带配菜，总消费：230
套餐添加了海带配菜，添加了大虾配菜，总消费：290
套餐添加了海带配菜，添加了大虾配菜，添加了大虾配菜，总消费：350
```

4.4.6　小结

本节首先通过实际生活中"装饰房屋"的例子来说明装饰模式的应用场景；然后详细讲解了装饰模式的基本理论和优缺点；接着通过生活中火锅加配菜的实际问题，用 UML 类图呈现了具体的设计步骤；最后通过 UML 类图中的程序设计清单完成了编程。读者在学习了装饰模式之后，应该明白在软件开发的前期，考虑利用这种设计模式进行开发的重要性。

思而不罔

程序中设计了三级继承泛化关系，第二级派生类的构造函数中形参对象的传递规律是什么？

装饰模式新增了一个装饰类，该模式与代理模式和建造者模式的不同之处分别是什么？

温故而知新

装饰模式与软件架构之间的关系类似于一对即将结婚的新人对自家新房的装修，新人可以根据自己的喜好随意装修新房，同样，开发者也可以利用装饰模式设计出一套可以轻松满足不断变换的需求的软件架构。只需要明确"装饰类"独立于"核心类"这一关键设计思想，装饰模式的应用就可以"信手拈来"。

开发者在进行软件设计时，要考虑将复杂系统尽可能多地分割成多个子系统，该思想在 4.3 节的桥接模式中被重点提及。但是，让客户端面对众多子系统的众多接口，调用一系列的子系统接口，这是很糟糕的设计。4.5 节将讲述如何通过外观模式改进这种"糟糕的设计"。

4.5 外观模式——买房手续多

看到外观这个词，我们会联想到生活中的衣服、包装袋等。在软件设计中，外观就是暴露给客户端的调用方法，客户端通过调用这些方法完成对整个软件架构的"掌控"。但是，当这种方法较多时，客户端的调用必然显得非常臃肿，本节讲解的外观模式可以很好地解决这类问题。

4.5.1 接口的二次封装

软件系统架构中一个类对象如出现多个接口方法，并且这个类又派生出多个子对象，子对象也拥有多个子接口方法，这样客户端在进行调用的时候，就会出现多次构造对象、多次调用接口方法的复杂、臃肿的代码结构。通过外观模式可以对这些复杂的接口进行二次封装，隐藏各自的实现细节，对解决有多个接口对外暴露的问题是一种很好的尝试。下面分别用书面语和大白话讲解外观模式的基本理论。

（1）用书面语讲外观模式

外观模式是指将复杂的接口进行再次封装，不关心接口的具体实现，只关心接口的调用顺序和逻辑，从而对外提供一个再次封装后的外观接口，客户端只需要通过这个外观接口就可以"读写"各个子系统或复杂系统的内部接口方法。

（2）用大白话讲外观模式

在软件设计中遇到多个子系统、多个接口的调用时，外观模式将所有复杂子系统封装在一个公共的对外接口中，客户端与软件系统不直接进行"联系"，而是通过封装的公共对外接口与各个子系统之间进行"交流"，隐藏各个子系统实现的细节，达到一种松耦合的状态。这时，当客户端向软件系统发布某种请求时，外观接口会根据请求的类型来选择相应的子系统，进而完成对子系统的操作。

什么情况下会用到外观模式呢？举例如下。

① 大型超市的导购员可以被认作超市的"对外接口"，买家通过询问导购员知道商品的摆放位置，达到快速定位商品的目的。

② 手机有多项功能，如拨打电话、拍照等，手机可以被认作一种"对外接口"，用户通过

操作手机选择自己需要的功能。

　　关键词：子系统、再次封装、公共对外接口。

4.5.2　角色扮演

　　外观模式的核心思想是提供一个全局的公共对外接口，这个公共接口供客户端访问。4.5.1小节中讲解了外观模式的基本理论和应用场景。了解外观模式的主要组成部分是在软件开发中应用外观模式的关键。外观模式的 UML 类图如图 4-15 所示。

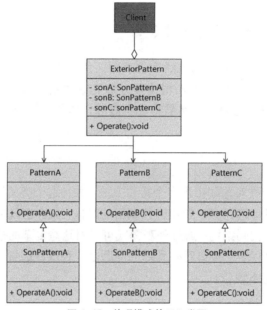

▲图 4-15　外观模式的 UML 类图

　　从图 4-15 中可以看出：ExteriorPattern 是面对客户端 Client 的唯一的接口，这个接口是整个系统的一个对外封装，也是对外联系的一个"桥梁"。图 4-15 所示的外观模式的 UML 类图所包含的主要角色如下。

　　① 软件子系统 PatternA、PatternB、PatternC 和分别对应的派生子系统 SonPatternA、SonPatternB、SonPatternC：它们是软件系统的核心，实现系统内部的具体细节 OperateA()、OperateB()、OperateC()，并且对外隐藏这些实现细节。

　　② 公共对外接口 ExteriorPattern：外观模式的关键所在，是对①中 3 个接口的一个对外包装，是①中各个系统与客户端连接的纽带，客户端通过调用这个对外接口中的方法 Operate()完成对各个子系统的访问。

4.5.3　有利有弊

　　外观模式利用公共接口使得客户端对子系统的访问更加容易，但是这个公共接口的设计也使程序变得复杂了一些，并且增加了资源开销，不过，考虑到后续的维护和扩展，这种资源开销是值得的。外观模式的优点和缺点如下。

（1）优点

① 客户端只需要调用一个对内的接口方法即可实现对整个系统的控制，并且客户端不用关心系统内部的实现和变化，与子系统独立开来，从而使子系统更加灵活。

② 子系统对外隐藏了它的复杂性，二次接口的封装简化了客户端访问子系统的流程。

（2）缺点

① 外观模式只是封装了子系统的接口，并未对整个子系统进行封装，客户端也可以绕过公共接口直接访问子系统。

② 公共接口的实现会增加资源开销。

4.5.4　买房手续多实际问题

外观模式解决的是多个子系统拥有多个接口，客户端调用多个子接口不便的问题。现实生活中多个子系统共存的现象随处可见，例如，银行取款需要经过取号、排队、密码验证等多个步骤；房屋交易需要经过估价、登记、公证等步骤。小码路在购买人生中的第一套房子的时候，也遇到了类似的问题。

（1）主题——买房手续多

小码路将买房后续一系列的事情（估价、登记、公证等）委托给了房屋中介，这样自己就不用亲自办理这些复杂的手续，外观模式房屋交易如图 4-16 所示。

请用外观模式实现小码路购房。

（2）设计——房屋中介是接口

若不考虑使用外观模式实现以上过程，开发者首先想到的就是客户端连续调用多个手续的方法来完成房屋交易，但是这样会造成多个子接口对外暴露，并且客户端的多次调用也会使整个设计看着不那么优雅。于是考虑用外观模式将众多手续进行二次封装，房屋中介是二次封装的对象，具体的设计思路如下。

▲图 4-16　外观模式房屋交易

第一步：将各种房屋交易手续看成软件系统的各个子系统，其中估价、登记等分别独立成类，并且每个手续类完成自己的功能。

第二步：将房屋中介设计成公共的对外接口类，这个接口包含第一步中所有手续类的对象，并且声明一个公共接口方法，在这个方法中实现对第一步中所有手续类的访问。

第三步：将小码路看作客户端，只需要访问第二步中公共接口类的公共接口方法，就可以完成对第一步中所有子系统（即手续类）的访问，进而完成房屋交易。

结合 4.5.2 小节讲解的外观模式的 UML 类图，以及以上设计思路，使用外观模式解决"买房手续多”的实际问题的 UML 类图如图 4-17 所示。

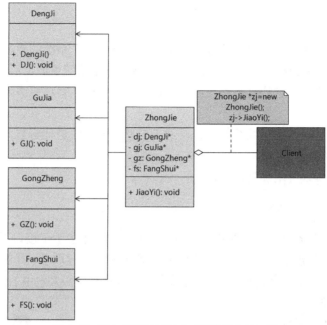

▲图 4-17　解决“买房手续多”实际问题的 UML 类图

　　图 4-17 中明确了房屋中介类 ZhongJie 是一个公共对外接口，这个接口中包含了各个子系统的对象。图 4-17 所示的整个软件系统的程序设计清单与各个子系统之间的关系，是下一小节编程实现这个系统的基础。图 4-17 所示的程序设计清单主要包括如下内容。

　　① 登记类 DengJi、估价类 GuJia、公证类 GongZheng 和房税类 FangShui：将买房手续定义为子系统类，每个类中都有各自的实现方法，这些方法也是完成各手续必须要有的步骤。

　　② 房屋中介类 ZhongJie：这个公共对外接口包含①中所有子系统的对象，即登记类对象 dj、估价类对象 gj、公证类对象 gz 和房税类对象 fs，并且实现一个对外访问的方法 JiaoYi()，这个方法完成对①中各个子系统对象方法的访问。

　　③ 客户端 Client：声明②中的公共接口类对象 zj，调用②中房屋中介类方法 JiaoYi() 就可以完成对①中买房手续的访问，进而完成房屋交易。

4.5.5　用外观模式解决问题

　　4.5.4 小节详细讲述了用外观模式解决“买房手续多”问题的实现步骤和 UML 类图，UML 类图包含了整个架构的程序设计清单，根据这份程序设计清单实现的整个代码架构如下。

　　第一步：设计子系统类和方法。

```
#pragma once
#include <iostream>
using namespace std;
```

```cpp
//类的前置声明，称为不完全类型
//不能定义该类型的对象，只能定义指向该类型的指针或引用
class DengJi;
class GuJia;
class GongZheng;
class FangShui;

//子系统类：实现众多买房手续方法
class DengJi
{
    public:
        DengJi(){}
        void DJ()
        {
            cout<<"小码路登记了个人购房信息！"<<endl;
        }
};

class GuJia
{
    public:
        void GJ()
        {
            cout<<"这套房子交易金额为 800 万元！"<<endl;
        }
};

class GongZheng
{
    public:
        void GZ()
        {
            cout<<"这套房子已经合法公正交易！"<<endl;
        }
};

class FangShui
{
    public:
        void FS()
        {
            cout<<"小码路需要支付 80 万元的交易税额！"<<endl;
        }
};
```

第二步：设计公共对外接口。

```cpp
//房屋中介类：公共对外接口，客户通过此接口完成所有手续的处理
class ZhongJie
{
    public:
    ZhongJie()
    ~ZhongJie()
    {
        delete dj;
        delete gj;
```

```
        delete gz;
        delete fs;
    }

    void JiaoYi()
    {
        dj->DJ();
        gj->GJ();
        gz->GZ();
        fs->FS();
        cout<<"交易完成，小码路获得房子！"<<endl;
    }

private:
    DengJi *dj=new DengJi();
    GuJia *gj=new GuJia();
    GongZheng *gz=new GongZheng();
    FangShui *fs=new FangShui();
};
```

第三步：设计客户端进行房屋交易。

```
#include "c.h"

int main()
{
    ZhongJie *zj=new ZhongJie();
    zj->JiaoYi();
    delete zj;
    return 0;
}
```

结果显示：

> 小码路登记了个人购房信息！
> 这套房子交易金额为 800 万元！
> 这套房子已经合法公正交易！
> 小码路需要支付 80 万元的交易税额！
> 交易完成，小码路获得房子！

4.5.6 小结

本节首先讲解了外观模式的基本理论和应用场景；然后用 UML 类图说明了外观模式的主要角色——公共对外接口；接着用外观模式解决"买房手续多"实际问题，通过具体的实现步骤和 UML 类图进一步展现了外观模式的使用思路。外观模式的核心是避免客户端对子系统的复杂调用。

思而不罔

本节代码设计中用了 C++ 类的前置声明特性，这个特性不能定义该类型的对象，只能用于定义指向该类型的指针及引用，或用于声明使用该类型作为形参类型或返回类型的函数。

使用外观模式的系统中如果要新增一个子系统，例如在"买房手续多"的实际问题中增加一个"首付类"，该如何做呢？

温故而知新

外观模式对外开放了一个公共接口，这个公共接口封装了软件框架中各个子系统的接口，避免客户端对各个子系统接口的直接调用，而是让客户端通过公共接口完成对各个子系统的访问。外观模式对外隐藏了内部实现细节，是一种比较常见的软件设计模式。

另外，在软件设计中，程序员也经常会遇到多次创建同一个对象的情况，如何利用已经存在的对象避免多次创建对象呢？4.6 节的享元模式会为读者揭开谜底。

4.6 享元模式——统计网络终端数

享元，可以将其理解为"共享元素"，这个元素在软件设计中被称为对象或者实例，简单地说是在软件设计中实现共享同一个对象实例。要想达到这种目的，就需要为对象建立一种"缓存池"，它被称为对象池。接下来结合享元模式详细说明对象池的使用。

4.6.1 创建对象池

对象池的实现和使用是享元模式的核心，享元模式是利用对象池减少内存的使用量，避免重复创建大量对象的设计模式。下面分别用书面语和大白话讲解享元模式的基本理论。

（1）用书面语讲享元模式

享元模式使用对象池来尽可能地减少对对象池中已经存在的对象的二次创建。对象池通常用容器 map<key, value>来实现，value 是共享对象，称为享元对象；key 是享元对象是否已经创建的标志，称为内部状态。客户端只需要根据 key 去判断是否还要继续创建 value 对象，若 value 存在，则直接使用对象池中的 value 对象；若 value 不存在，则创建一个对象放入容器 map 中，避免多次创建对象。

（2）用大白话讲享元模式

在软件设计中我们经常会遇到使用大量重复设计的场景，这种设计必然会使用重复对象或者相似对象，这些相似对象可能除了几个参数外基本都是相同的，这时候为了共享实例，可以将这些不同的参数移到类对象的外部，在调用的时候通过函数参数的形式传进来，达到减少对象的创建、利用已有实例的目的。享元模式应用于软件系统中存在大量相似或相同对象，需要建立对象池的场景，它的使用减少了实例化对象的个数，减少了创建多个对象带来的内存消耗。

什么情况下会用到享元模式呢？举例如下。

① 今日头条的新闻页结构都是一样的，只是内容不同，可以将内容看作不同参数，新闻页结构作为对象池。

② 在淘宝购物时，大量用户通过关键词"冬季羽绒服"搜索到相同的一款衣服，此时可

以将同款衣服作为对象池。

关键词：对象池、共享、减少开销。

4.6.2 角色扮演

4.6.1 小节说明了享元模式的核心是构造对象池，并且这个对象池由容器 map 组成，容器 map 的构造是在一个新的类结构共享工厂中完成的。享元模式的 UML 类图如图 4-18 所示。

从图 4-18 中可以看出：享元模式有一个共享接口类 ShareInterface，声明一个 Do()方法，其核心是共享工厂类 ShareFactory，以及其中的 map 成员。图 4-18 所示的享元模式的 UML 类图所包含的主要角色如下。

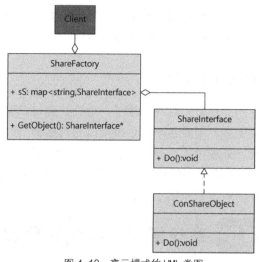

▲图 4-18 享元模式的 UML 类图

① 共享接口类 ShareInterface 和具体共享类 ConShareObject：两者是基类和派生类的关系，实现一个 Do()方法，这个方法用户可以任意定义。

② 共享工厂类 ShareFactory：类成员变量数据类型 map<string, ShareInterface>，map 中的 string 类型是创建对象前的查询条件，GetObject()方法查询并且返回 ShareInterface 对象，只有第一次没有查询到 ShareInterface 对象，才进行具体的对象创建，并将其加入对象池 map 中，后面直接使用这个对象池中已经存在的 ShareInterface 对象。

4.6.3 有利有弊

享元模式通过对象池实现一个对象的多次复用，大大减少了对象的创建，从而避免创建对象所带来的内存消耗。但是享元模式对象池的建立也使得系统变得复杂。享元模式的优点和缺点如下。

（1）优点

① 减少程序中创建对象的个数，进而减少内存的开销。

② 提高了程序运行的效率，对整个软件系统的性能起到了一定的优化作用。

（2）缺点

① 在软件系统初期分离享元对象和不同参数对初学者有一定的难度。

② 对象池使用的数据结构 map 使整个系统变得复杂。

4.6.4 统计网络终端数实际问题

享元模式解决的是因为创建多个实例对象，造成大量资源浪费的问题。享元模式在对象池中只创建一个对象，使系统后续的维护和扩展变得更加方便和容易。共享相同的实例对象，相当于共享了内存、CPU 资源等，这样部署代码的网络或者服务器的运行就会更加稳定和高效。

小码路最近开发了一款软件，它可以高效地统计公司内的网络配置总数和网络终端数。

（1）主题——统计网络终端数

公司主要使用 CISCO 品牌的交换机和 TP-Link 品牌的路由器，小码路通过构造享元工厂，很快完成了统计网络终端数的任务，如图 4-19 所示。

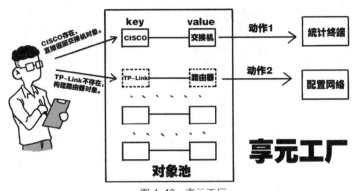

▲图 4-19　享元工厂

请用享元模式解决统计网络终端数的问题。

（2）设计——路由器对象池

享元模式的关键是构造数据结构 map，需要考虑 map 的 key 和 value 在问题中实际代表的是什么。路由器和交换机都是有品牌的，同一个品牌的路由器只需要构造一次实例对象，因此品牌可以作为 key，具体路由器对象作为 value。具体的设计思路如下。

第一步：构造路由器和交换机的抽象基类，两者作为具体的派生类对象，也是共享模式中对象池的享元对象。

第二步：建立共享工厂类，对象池 map 是共享工厂类的数据成员，路由器品牌决定路由器对象的创建个数，两者是一一对应的。

第三步：客户端通过共享工厂类管理路由器、交换机和网络终端，以及统计它们的数目。

结合 4.6.2 小节讲解的享元模式的 UML 类图，以及以上设计思路，利用享元模式统计网络终端数的 UML 类图如图 4-20 所示。

图 4-20 中明确了共享工厂类 DeviceFactory 以及成员变量 devices 的不可或缺性，NetDevice 作为享元对象，通过其成员变量 kind 作为区别享元对象的参数，两者构成对象池。图 4-20 展示了详细的程序组成和程序设计清单，4.6.5 小节的编程是根据这份清单完成的，这份清单主要包括如下内容。

① 抽象基类 NetDevice 和具体派生类 LuYouQi、JiaoHuanJi：NetDevice 类与 LuYouQi 类、JiaoHuanJi 类分别构成 EIT 造型，其中的品牌成员变量 kind 和获取品牌的方法 deviceKind() 是区别享元对象的参数和方法，link() 方法连接了品牌和对象的关系。

② 共享工厂类 DeviceFactory：以数据结构 map 建立的成员变量 devices 是享元模式的对象池，由品牌成员变量 kind 和享元对象 NetDevice 组成，成员变量 count 用来统计终端数，通

过 getTerminalCount()方法返回，同时 getTotalDevice()方法返回设备总数。

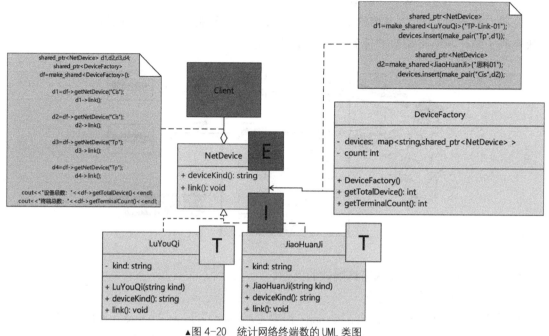

▲图 4-20　统计网络终端数的 UML 类图

③ 客户端 Client：构造共享工厂类 DeviceFactory，通过 kind 参数返回具体的 NetDevice 类型，最终由②中的 getTerminalCount()方法和 getTotalDevice()方法统计终端总数和设备总数。

4.6.5　用享元模式解决问题

4.6.4 小节详细说明了如何通过构造共享工厂类和对象池来解决统计网络终端数实际问题，并且图 4-20 所示的 UML 类图展示了详细的程序设计清单，根据这份程序设计清单实现的整个代码架构如下。

第一步：设计抽象基类及具体派生类。

```cpp
#pragma once
#include <iostream>
using namespace std;
#include <map>
#include <string>

#include <future>
#include <thread>

//抽象基类
class NetDevice
{
    public:
```

```
        virtual string deviceKind()=0;
        virtual void link()=0;
};

//具体派生类：包括路由器、交换机
class LuYouQi:public NetDevice
{
    public:
        LuYouQi(string kind)
        {
            this->kind=kind;
        }
        string deviceKind()
        {
            return this->kind;
        }
        void link()
        {
            cout<<"连接了型号为"<<this->kind<<" 的路由器！"<<endl;
        }
    private:
        string kind;
};

class JiaoHuanJi:public NetDevice
{
    public:
        JiaoHuanJi(string kind)
        {
            this->kind=kind;
        }
        string deviceKind()
        {
            return this->kind;
        }
        void link()
        {
            cout<<"连接了型号为 "<<this->kind<<" 的交换机！"<<endl;
        }
    private:
        string kind;
};
```

第二步：建立共享工厂类以及对象池。

```
//共享工厂类
class DeviceFactory
{
    public:
        DeviceFactory()
        {
            shared_ptr<NetDevice> d1=make_shared<LuYouQi>("TP-Link-01");
            devices.insert(make_pair("Tp",d1));

            shared_ptr<NetDevice> d2=make_shared<JiaoHuanJi>("思科01");
            devices.insert(make_pair("Cis",d2));
```

```
            }

            shared_ptr<NetDevice> getNetDevice(string kind)
            {
                if(devices.count(kind))
                {
                    count++;
                    return devices.find(kind)->second;
                }
                else
                {
                    return nullptr;
                }
            }

            int getTotalDevice()
            {
                return devices.size();
            }
            int getTerminalCount()
            {
                return count;
            }
    private:
            map<string,shared_ptr<NetDevice> > devices;
            int count=0;
};
```

第三步：客户端查找网络终端结果。

```
#include "n.h"

int main()
{
    shared_ptr<NetDevice> d1,d2,d3,d4;
    shared_ptr<DeviceFactory> df=make_shared<DeviceFactory>();

    d1=df->getNetDevice("Cis");
    d1->link();

    d2=df->getNetDevice("Cis");
    d2->link();

    d3=df->getNetDevice("Tp");
    d3->link();

    d4=df->getNetDevice("Tp");
    d4->link();

    cout<<"设备总数："<<df->getTotalDevice()<<endl;
    cout<<"终端总数："<<df->getTerminalCount()<<endl;

    return 0;
}
```

结果显示：

> 连接了型号为思科 01 的交换机！
>
> 连接了型号为思科 01 的交换机！
>
> 连接了型号为 TP-Link-01 的路由器！
>
> 连接了型号为 TP-Link-01 的路由器！
>
> 设备总数：2
>
> 终端总数：4

4.6.6　小结

本节首先阐述了享元模式的基本理论和优缺点，多次强调了对象池的关键作用；然后通过解决统计网络终端数实际问题的详细设计步骤和 UML 类图，展现了享元模式的实现细节和各组成部分的关系；最后利用 UML 类图中的程序设计清单完成了整个过程的编程，充分展现了享元模式的设计步骤，向读者说明了在什么场景下，如何应用对象池及如何发挥享元模式的优势。

思而不罔

使用智能指针 shared_ptr 的好处是什么？

在本书解决统计网络终端数实际问题的编程中，从哪里可以看出享元对象的优势？

温故而知新

在程序设计的某些情况下，有时会出现过多的相似或相同对象，这样会导致程序在运行时损耗性能，降低效率。享元模式的作用就是避免大量相同对象的重复创建，运用对象池可以使相同对象只被创建一次。但同时我们也应该明白，享元模式需要维护对象池的 map 数据结构，这会使系统变得更加复杂，因此，何时用享元模式是值得程序员思考的问题。

软件设计中有时会遇到部分与整体的关系，并且这种关系是一种层次结构，可简单地理解为一种树形结构，如何合理、清晰地构造出包含这种关系的代码架构呢？下一节要讲述的组合模式会为读者揭开谜底。

4.7　组合模式——总公司架构

组合，意味着部分 A 与部分 B 组成整体。部分 A 与部分 B 是否有关联，并且如何进行组合，生成最终的整体？读者将在本节得到答案，本节将详细说明带有层次结构的整体是如何由部分组合而成的。

4.7.1　树形结构

组合模式是将部分对象组成树形结构，表示部分与整体之间的一种层次结构，整体包含部分，部分又由次级部分组成，这样的层次关系具有一致性。下面分别用书面语和大白话讲解组合模式的基本理论。

（1）用书面语讲组合模式

一个整体可以拆分出独立的模块或功能，这种独立的模块又可以继续拆分出类似的模块或功能，通过继承的方式将这些模块和功能按照层次关系组合成树形结构，在这个树形结构中，将整体看作根节点，部分看作叶子节点，客户端可以像处理叶子节点一样来处理根节点，一视同仁地对待部分对象和部分对象的集合（整体），忽略层次的差异，有效地控制整个软件架构。

（2）用大白话讲组合模式

软件设计中通常会遇到整体包含部分 A、部分 B、部分 C 等的情况，其中部分 C 又包含类似部分 A、部分 B 的部分，简单地说就是从一个整体中能够拆分出独立的部分（模块或功能），将整体与部分按照树形结构进行组合，在整体对象中提供一个统一的对外接口方法，用来访问相应的对象，各个部分对象继承自这个整体对象，并且实现具体的接口方法，最终组合对象通过继承同一个基类使其具有统一的方法，方便后续的控制和管理。

什么情况下会用到组合模式呢？举例如下。

① 总公司下设人力资源部、研发部和分公司，分公司又下设人力资源部和研发部。

② 文件夹下可以新建文件和子文件夹，子文件夹下也可以新建文件和子文件夹。

③ 点菜时可以进行单独菜品的下单，也可以直接下单包含这个菜品的套餐。

关键词：整体、部分、一致性。

4.7.2　角色扮演

4.7.1 小节讲到组合模式是通过继承的方式将整体对象与部分对象进行关联，也可以理解为叶子节点（部分对象）派生自根节点（整体对象），其对应的 UML 类图如图 4-21 所示。

从图 4-21 中可以看出：组合模式声明了一个虚基类 Component，包含用于访问和管理派生类的虚接口，客户端 Client 通过访问 Component 类，首先生成根节点对象 Component，然后派生出两个叶子节点对象 Leaf 和 ConComponent。图 4-21 所示的组合模式的 UML 类图所包含的具体角色如下。

① 组合对象抽象根节点 Component：声明 add(Component *com)和 remove(Component *com)虚方法，完成对叶子节点的添加和删除，display()方法用来显示当前节点的组成，string 类型的 name 数据供派生类节点使用。

② 组合对象派生类叶子节点 Leaf 和 ConComponent：其中 Leaf 不可再分，不会再有派生类叶子节点，ConComponent 可以继续分裂下去，同①中的根节点一样，可以继续派生出 LeafAux 和 ConComponentAux，以此类推。

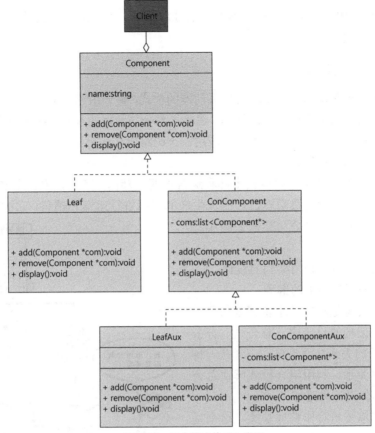

▲图 4-21 组合模式的 UML 类图

③ 客户端 Client：通过访问根节点 Component，完成对根节点的创建，进而派生出各个叶子节点，创建叶子节点对象。

4.7.3 有利有弊

组合模式应用在存在整体与部分的场景中，整体与部分组成有层次的树形结构，因此结构比较清晰。但是，通过继承方式实现的组合模式，往往各个组成部分之间的耦合性比较强，当增加一个基类的虚接口时，各个派生类要同时改变。组合模式的优点和缺点如下。

（1）优点

① 整体与部分组成有层次关系的树形结构，层次鲜明，各个组成部分之间的关系相对独立，便于理解和控制整个系统。

② 如有新增叶子节点，只需继续继承整体下的部分类，实现根节点中的虚方法。

（2）缺点

① 继承方式实现的组合模式，其基类与派生类之间的强耦合性不可避免。

② 在组合模式中，多个派生类具有相同的抽象基类，如要改变派生类的实现，则必须同时对基类做相应修改。

4.7.4　总公司架构实际问题

组合模式是一种解决部分与整体的关系问题的模式，将一组相似的部分看作一个整体，这个整体是根据层次关系组合成的树形结构，忽略了部分与整体的差别。在实际生活中，大型公司的组合架构是最常见的一种组合模式的应用。小码路所在的公司也不例外。

（1）主题——总公司架构

小码路所在的科技公司主要有技术部和运营部两大部门，其中技术部主要负责各个产品的技术研发和生产，运营部负责对已经完成生产的产品进行运营和销售。它的 Aux 分公司同样包含技术部和运营部，总公司架构如图 4-22 所示。

请用组合模式完成总公司架构的设计。

（2）设计——层层递进的继承

组合模式的关键是利用继承将部分与整体连通，在总公司架构的设计中，总公司、分公司和 Aux 分公司的关系显而易见，三者是一种层层递进的派生关系。利用组合模式解决总公司架构问题的具体设计思路如下。

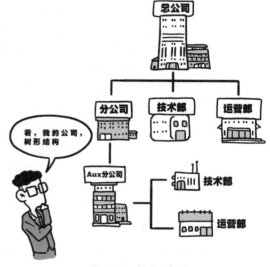

▲图 4-22　总公司架构

第一步：将总公司看作整体基类，这个基类包含增加和删除分公司的虚方法，总公司下属分公司对这些方法进行具体实现。

第二步：分公司、技术部和运营部是总公司的具体组成部分，分别继承自第一步中的基类总公司类，完成具体的增加、删除职责。

第三步：客户端通过构造总公司对象，添加技术部和运营部的方法，实现总公司架构设计。

结合 4.7.2 小节中讲述的组合模式的 UML 类图，以及以上设计思路，利用组合模式实现总公司架构的 UML 类图如图 4-23 所示。

图 4-23 中明确了总公司类 Company、分公司类 ConCompany、技术部类 TechPart 和运营部类 OperaPart 之间的关系，ConCompany、TechPart 和 OperaPart 组合成了 Company，同理，分公司 Aux 办事处类 AuxConCompany、分公司 Aux 办事处技术部类 AuxTechPart 和分公司 Aux 办事处运营部类 AuxOperaPart 组合成了分公司类 ConCompany，这种关系层层递推，又相辅相成。图 4-23 中展示了详细的程序设计清单，这份清单主要包括如下内容。

① 抽象基类总公司类 Company：包含增加分公司或部门的虚方法 add(Company *company)，并且声明各个组成部分的具体职责的虚方法 duty()，可以看作树形结构的根节点。

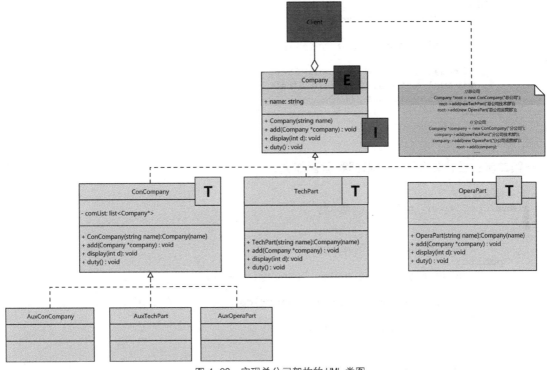

▲图 4-23 实现总公司架构的 UML 类图

② 派生类分公司类 ConCompany、技术部类 TechPart 和运营部类 OperaPart：三者与①中的总公司类 Company 构成 EIT 造型，并且实现各自的 add(Company *company)和 duty()方法，可以看作树形结构的叶子节点，但是要明确 ConCompany 叶子节点可以继续分裂成 AuxConCompany、AuxTechPart、AuxOperaPart，技术部类 TechPart 和运营部类 OperaPart 叶子节点不能继续分裂。

③ 客户端 Client：构造根节点对象 root，添加技术部和运营部对象，以此类推，完成总公司架构的设计。

4.7.5 用组合模式解决问题

4.7.4 小节详细说明了用组合模式解决总公司架构问题的具体步骤和程序设计清单，从 UML 类图中可以看出各个组成部分与整体之间的关系，依据图 4-23 实现的总公司架构的代码如下。

第一步：设计抽象基类总公司类。

```
#pragma once
#include <iostream>
using namespace std;
#include <list>

//抽象构件角色
class Company
{
```

```cpp
public:
    Company(string name)
    {
        this->name=name;
    }
    virtual void add(Company *company)=0;
    virtual void display(int d)=0;
    virtual void duty()=0;
public:
    string name;
};
```

第二步：设计分公司、技术部和运营部类。

```cpp
//具体构件角色
class ConCompany:public Company
{
    private:
        list<Company*>  comList;
    public:
        ConCompany(string name):Company(name){}

        void add(Company *company)override
        {
            comList.push_back(company);
        }

        void display(int d)override
        {
            //输出树形结构
            for(int i=0;i<d;i++)
            {
                cout<<"-";
            }
            cout<<name<<endl;

            //向下遍历
            for (list<Company*>::iterator it = comList.begin();
                        it != comList.end(); ++it)
                {
                    (*it)->display(d+1);
                }
        }

        void duty()override
        {
            for (list<Company*>::iterator it = comList.begin();
                    it != comList.end(); ++it)
            {
                (*it)->duty();
            }
        }
};

//技术部
```

```cpp
class TechPart:public Company
 {

    public:
        TechPart(string name):Company(name)
        {

        }
        void add(Company *company)override
        {

        }
        void display(int d)override
        {
            //输出树形结构的叶子节点
            for(int i=0; i<d; i++)
            {
                cout<<"-";
            }
            cout<<name<<endl;
        }
        void duty()override
        {
            cout<<name << ": 各项产品的技术研发与生产"<<endl;
        }
};

//运营部
class  OperaPart:public Company
 {

    public:
        OperaPart(string name):Company(name)
        {

        }
        void add(Company *company)override
        {

        }

        void display(int d)override
        {
            //输出树形结构的叶子节点
            for(int i=0; i<d; i++)
            {
                cout<<"-";
            }
            cout<<name<<endl;
        }
        void duty()override
        {
            cout<<name << ": 产品的运营与销售"<<endl;
        }
};
```

第三步： 客户端组建公司架构。

```cpp
#include "c.h"

int main()
{
        //总公司
        Company *root = new ConCompany("总公司");
        root->add(new TechPart("总公司技术部"));
        root->add(new OperaPart("总公司运营部"));

        //分公司
        Company *company = new ConCompany("分公司");
        company->add(new TechPart("分公司技术部"));
        company->add(new OperaPart("分公司运营部"));
        root->add(company);

        //办事处
        Company *company1 = new ConCompany("分公司 Aux 办事处");
        company1->add(new TechPart("分公司 Aux 办事处技术部"));
        company1->add(new OperaPart("分公司 Aux 办事处运营部"));
        company->add(company1);

        cout<<"结构图: "<<endl;
        root->display(1);

        cout<<"职责: "<<endl;
        root->duty();
        delete root;
        delete company;
        delete company1;
        return 0;
}
```

结果显示：

```
结构图：
-总公司
--总公司技术部
--总公司运营部
--分公司
---分公司技术部
---分公司运营部
---分公司 Aux 办事处
----分公司 Aux 办事处技术部
----分公司 Aux 办事处运营部
职责：
总公司技术部：各项产品的技术研发与生产
```

> 总公司运营部：产品的运营与销售
>
> 分公司技术部：各项产品的技术研发与生产
>
> 分公司运营部：产品的运营与销售
>
> 分公司 Aux 办事处技术部：各项产品的技术研发与生产
>
> 分公司 Aux 办事处运营部：产品的运营与销售

4.7.6 小结

本节首先说明了组合模式的基本理论和优缺点，举例说明了组合模式在实际生活中的使用场景；然后详细叙述了利用组合模式解决总公司架构实际问题的具体实现步骤以及 UML 类图的设计；最后根据 UML 类图中的程序设计清单和各部分的关系，完成了组合模式的编程。读者应了解组合模式的应用案例，以便在程序设计时能灵活运用。

思而不罔

C++ 中类的初始化列表赋值的顺序以及对基类和派生类的影响分别是什么？

使用组合模式时，显示的代码结果是一种垂直组合，请问这与桥接模式中的组合有什么区别？

温故而知新

"物以类聚，人以群分"，组合模式很好地诠释了这句话，将相似的物体归为一类，看成整体的重要组成部分，并且这一类物体又可以继续按照这种分类规则继续分裂下去，这样清晰的部分与整体的关系正是组合模式的具体体现。在应用组合模式的同时，我们也应该明白用继承方式实现的组合带来的不便性。

结构型设计模式关心的是如何将现有的对象组装起来，形成一个整体架构，这些对象之间不会总是彼此独立的，一个对象的改变往往会影响到另外一个对象，如何发挥不同对象之间的职责与功能？下一章的行为型设计模式将为读者详细解答。

4.8 总结

本章主要讲解了七大结构型设计模式：适配器模式通过"第三方桥梁"使两个不兼容的接口进行通信；代理模式通过代理对象使两个不能相互引用的对象进行相互的引用访问；桥接模式是一种聚合关系，解决了继承带来的对象之间耦合度高的问题，实现各个对象之间多种不同的聚合结果；装饰模式利用"装饰类"随时增加软件接口，又不改变现有"核心类"的功能；外观模式面对众多子系统接口调用的情况，设计一个公共的对外接口代替客户端对子系统的调用；享元模式是"挑选"出不同的参数类型，通过形参的形式传入对象池，对已经存在的对象只进行一次构造的模式；组合模式实现了具有层次关系的树形结构中部分与整体的组合。

结构型设计模式把关注重点放在各个对象之间是如何进行关联和组合的，在提高开发效率的同时也带来了一定的副作用。各个结构型设计模式之间有一定的区别和联系。

（1）装饰模式是客户端通过修改"装饰类"的方法来增加"核心类"的功能，扩展原对象的职责和方法；代理模式是给原对象提供一个代理对象，进而控制原对象的功能。

（2）装饰模式可以动态扩展原对象的功能，增加新的方法，并且按照一定的顺序完成对原对象的组合调用；相较于第 3 章讲解的建造者模式，虽然建造者模式也是按照一定顺序组合成新的对象，但是这种对象的构造过程是固定不变的，不会额外增加新的方法，扩展新的功能。

（3）组合模式可以利用继承的方式实现各个部分之间的"纵向组合"，而桥接模式是利用聚合的方式实现各个对象之间的"横向组合"。

（4）适配器模式和代理模式虽然都是通过"桥梁"或"中介"实现不相关到相关的过程，但是适配器模式主要针对的是接口不兼容的问题，而代理模式针对的是对象之间不能相互引用的问题。

为了加深读者对结构型设计模式的印象和理解，方便读者在今后的软件开发中回忆起在本书中学习到的知识和细节，下面将本章中的七大结构型设计模式的核心和实际案例列举出来，如表 4-1 所示。

表 4-1　七大结构型设计模式的核心和实际案例

设计模式	核心	实际案例
适配器模式	接口兼容的派生类衍生	电源适配器
代理模式	中介担负类对象间的引用职责	房屋中介
桥接模式	聚合不同的子系统对象	随心所欲绘图
装饰模式	装饰对象动态扩展方法	火锅加配菜
外观模式	二次封装多个子系统接口	买房手续多
享元模式	map 对象池中对象构造唯一	统计网络终端数
组合模式	部分抽象继承组合成整体	总公司架构

至此，我们已经明确了七大结构型设计模式的核心和实际案例，并且掌握了七大结构型设计模式的设计技巧。相信在今后的实际开发中，本章讲解的七大结构型设计模式，能为读者提供一定帮助。

第5章 十大行为型设计模式

软件架构中各个对象都是相互联系的,对象之间通过协作才能完成一些复杂的功能。因此,程序员改变一个对象的行为,也将影响到另外一个相关联的对象,这是本章行为型设计模式讲述的重点。行为型设计模式关注的是不同对象之间如何更好地划分职责,更好地发挥相互作用,进而完成复杂的业务需求。

行为型设计模式主要分为两大类:类行为型设计模式和对象行为型设计模式。其中,类行为型设计模式通过派生类继承基类的方法建立类对象之间的联系,包含模板方法模式和解释器模式;对象行为型模式通过组合的方式在各对象间分配职责,包含策略模式、命令模式、责任链模式、状态模式、观察者模式、中介者模式、访问者模式和备忘录模式。

本章介绍十大行为型设计模式和其对应的实际案例,如图5-1所示。

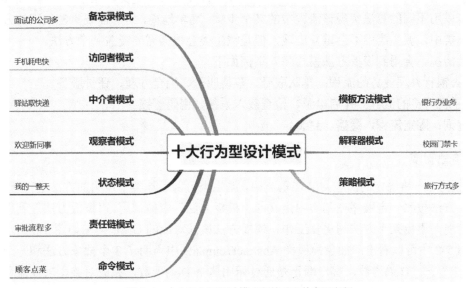

▲图5-1 十大行为型设计模式和其对应的实际案例

接下来将详细讲解行为型设计模式的基本理论、应用场景等,帮助读者理解并掌握行为型设计模式的实际应用。

5.1　模板方法模式——银行办业务

读者对模板这个概念应该非常熟悉：写论文需要模板，写专利申请需要模板，烹制蛋糕有一套流程，煮奶茶有一定步骤等。这些生活中常见的案例都和"模板"相关。本章讲解如何将模板方法模式应用在这些生活中常见的案例中。如果程序员掌握了一套"模板"，进行软件开发会事半功倍。

5.1.1　流程归一化

模板方法模式将一套公用的流程封装在基类的方法中，这套公用的流程在软件设计中称为"算法框架"。派生类可以重新定义算法框架中的某个操作或步骤，而不用修改算法框架的结构。下面分别用书面语和大白话说明模板方法模式的基本理论。

（1）用书面语讲模板方法模式

模板方法模式定义了一个算法的实现步骤，这个算法包含多个流程或程序，按照一定的顺序"自顶向下"执行，并且允许派生类重新定义该算法中的某些步骤，但不改变算法框架。

（2）用大白话讲模板方法模式

在软件设计中，程序员通常会遇到一个事项的处理需要一个固定的操作流程的问题，在这个操作流程中，不同的对象执行不同的任务，但是整个操作流程是固定不变的。模板方法模式实际上就是封装固定的流程，该流程中的每个步骤都需要事先定义，在不修改框架的情况下，派生类可以用不同的算法实现该流程中的某个步骤。简单地说，所有需要重复使用的方法都被封装在基类中，派生类中不会重复出现，但是派生类会根据需要覆盖某个方法。

什么情况下会用到模板方法模式呢？举例如下。

① 去银行办理业务的流程：排队取号、等待叫号、柜台办理、评价服务。

② 手机开机的流程：开启电源、检查载入系统、密码解锁。

关键词：固定流程、覆盖、封装。

5.1.2　角色扮演

"模板方法"将固定的流程封装在基类中，派生类可以对基类中声明的方法进行覆盖重写，并且这些方法按照一定顺序在基类中定义的"模板方法"中被调用。"模板方法"利用通用的接口来实现，避免某个方法的重复工作，模板方法模式对应的 UML 类图如图 5-2 所示。

从图 5-2 中可以看出：抽象模板类 AbstractTemplate 中声明了 3 个抽象方法和一个共用的"模板方法"——Do()函数，客户端正是通过调用这个 Do()函数，完成对整个软件流程的控制的。图 5-2 所示的模板方法模式的 UML 类图所包含的具体角色如下。

① 抽象模板类 AbstractTemplate：Do()函数定义一个按顺序执行的算法框架，算法框架按照一定规则对 DoOne()方法、DoTwo()方法、DoThree()方法进行调用和控制。

② 具体模板类 ConTemplateA 和 ConTemplateB：派生类可以重写①中的虚方法，各自实现自身想要的 DoOne()方法、DoTwo()方法和 DoThree()方法，使用①中基本的算法框架，重新定义这些方法中的某些操作。

③ 客户端 Client：通过对①中抽象模板类的实际构造，调用"模板方法"Do()函数，完成对算法框架的控制。

5.1.3　有利有弊

模板方法模式的核心是将重复使用的方法封装在基类中，派生类继承基类，并且共享基类中的方法，通常派生类不会改变基类中的方法，而是根据实际需求对自身私有的方法进行扩展。模板方法模式虽然避

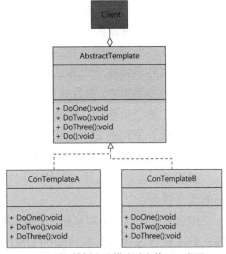

▲图 5-2　模板方法模式对应的 UML 类图

免了代码的重复使用，但是维护算法框架异常困难。模板方法模式的优点和缺点如下。

（1）优点

① 模板方法模式将重复使用的方法封装在基类中，派生类继承基类这个"模板方法"，实现代码的复用。

② 模板方法模式中基类的算法框架不变，派生类可以改变、重写算法框架中的步骤，增强代码的灵活性。

（2）缺点

由于派生类继承自基类中的抽象方法，因此所有的派生类都必须实现这些虚方法，基类中算法框架的改动会导致派生类全部跟着变更，维护会变得困难。

5.1.4　银行办业务实际问题

模板方法模式应用在多个对象上时，需要同时实现相同或相似的逻辑，我们可以将这些相同或相似的逻辑封装成一个算法框架，多个对象只需要调用这个算法框架就可以完成相同的功能。模板方法模式在日常生活中的应用很多。例如，小码路去银行办理业务，看到每位客户办理业务需要的流程都是相同的：取号、操作、评价。模板方法模式在这样的场景下就可以发挥它的价值。

（1）主题——银行办业务

小码路下班后来到一家银行，映入眼帘的是银行办业务的模板化流程，如图 5-3 所示。

请用模板方法模式完成银行办业务的模板化流程。

（2）设计——银行标准流程

模板方法模式的关键是将一套固定的流程封装在基类的算法框架中，每个派生类的对象都能够复用这套算法框架。图 5-3 中提到的取号、操作、评价就是一套标准的流程。取号和评价对每位客户来说完全一致，而操作不同，可以将操作设计为虚方法，客户根据自身的需求去实

现具体的方法。因此，使用模板方法模式解决
银行办业务实际问题的具体步骤如下。

第一步： 取号、评价是客户办理业务必要
的流程，将其设计成一个算法框架，将这个算
法框架封装在基类中，并且声明一个操作方法，
这个操作方法包括存款、转账和取款。

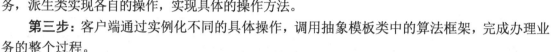

▲图 5-3　银行办业务的模板化流程

第二步： 不同的客户去银行办理不同的业
务，派生类实现各自的操作，实现具体的操作方法。

第三步： 客户端通过实例化不同的具体操作，调用抽象模板类中的算法框架，完成办理业
务的整个过程。

结合 5.1.2 小节中对模板方法模式的 UML 类图的介绍，以及以上设计思路，用模板方法
模式解决银行办业务实际问题的 UML 类图如图 5-4 所示。

图 5-4 中明确了基类 Bank 中实现的操作方法，这些方法按照一定的顺序在算法框架 Process()
方法中被调用，其中客户在银行的第一件事 QuHao() 和最后一件事 PingJia() 是公用方法，根据不
同客户的目的声明了一个抽象方法 CaoZuo()。图 5-4 展示了关于这个问题详细的程序设计清单，
这份清单是 5.1.5 小节编程的关键，主要包括如下内容。

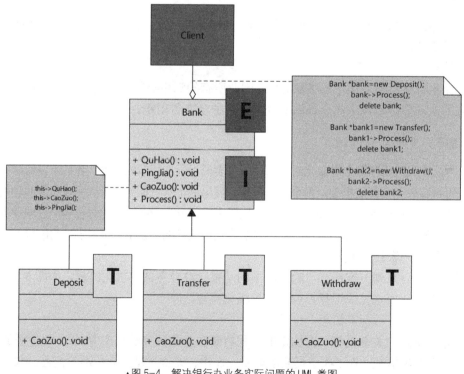

▲图 5-4　解决银行办业务实际问题的 UML 类图

① 基类 Bank 和派生类 Deposit、Transfer、Withdraw：基类中声明一个抽象方法 CaoZuo()，基类、抽象方法和各派生类分别构成 EIT 造型。基类中的算法框架 Process()方法依次完成 QuHao()方法、CaoZuo()方法和 PingJia()方法。

② 客户端 Client：通过实例化具体的派生类 Deposit、Transfer、Withdraw，完成对①中抽象方法 CaoZuo()的具体实现，并且最终通过调用算法框架 Process()方法实现银行客户管理系统。

5.1.5　用模板方法模式解决问题

5.1.4 小节详细说明了利用模板方法模式解决银行办业务问题的过程，根据以上的具体步骤和图 5-4 中的 UML 类图里的程序设计清单，实现的代码如下。

第一步：设计基类。

```cpp
#pragma once
#include <iostream>
using namespace std;

class Bank
{
    public:
        void QuHao()
        {
            cout<<"请前排取号"<<endl;
        }
        void PingJia()
        {
            cout<<"请对本次服务进行评价"<<endl;
        }
        virtual void CaoZuo()=0;

        void Process()
        {
            this->QuHao();
            this->CaoZuo();
            this->PingJia();
        }

};
```

第二步：设计不同派生类。

```cpp
//因人而异的操作
class Deposit:public Bank
{
    public:
        void CaoZuo()
        {
            cout<<"小码路存入银行 30 万元!"<<endl;
```

```
            }
    };

    class Transfer:public Bank
    {
        public:
            void CaoZuo()
            {
                cout<<"小码路向朋友转账 20 万元!"<<endl;
            }
    };
    class Withdraw:public Bank
    {
        public:
            void CaoZuo()
            {
                cout<<"小码路的朋友取走 20 万元!"<<endl;
            }
    };
```

第三步：银行客户管理系统的实现。

```
#include "bank.h"

int main()
{
    Bank *bank=new Deposit();
    bank->Process();
    delete bank;

    Bank *bank1=new Transfer();
    bank1->Process();
    delete bank1;

    Bank *bank2=new Withdraw();
    bank2->Process();
    delete bank2;

    return 0;
}
```

结果显示：

```
请前排取号
小码路存入银行 30 万元!
请对本次服务进行评价
请前排取号
小码路向朋友转账 20 万元!
请对本次服务进行评价
请前排取号
```

小码路的朋友取走 20 万元!
请对本次服务进行评价

5.1.6　小结

本节首先通过现实生活中的实际案例引出什么是模板方法模式,说明了模板方法模式的基本理论和优缺点;然后通过银行办业务具体案例详细介绍了模板方法模式的实现步骤,并且通过 UML 类图的程序设计清单完整地实现了程序设计。读者应该明白模板方法模式中封装固定的流程带来的缺点,以便在项目中合理地选择软件设计模式。

思而不罔

模板方法模式中利用了 C++的 this 指针特性,请具体说明 this 指针的应用场景和发挥的作用。

模板方法模式体现了什么设计原则?若此时银行新增一个理财的业务,请完成这个设计。

温故而知新

模板方法模式通过定义一个通用的算法框架,使客户端只需要调用这个通用的算法框架的接口,就可以实现对整个软件架构的控制。模板方法模式复用了代码,避免派生类出现重复代码设计,是行为型设计模式中类行为型设计模式的一种。模板方法模式的主要思想是派生类继承自基类,并且在基类中实现模板接口,可以很好地实现类对象之间的联系。

另外一种类行为型设计模式是解释器模式,解释器模式也是通过继承的方式实现类对象之间的联系的,什么情况下应该使用这种设计模式呢?5.2 节将进行详细的说明。

5.2　解释器模式——校园门禁卡

解释是一个动词,它的意思是将不容易被人理解的事物用一种通俗的方式呈现在人们面前,或用简单的语言表达主要思想。解释器模式也发挥了"解释"的作用,将晦涩难懂的事物通过通俗、简单的语言表达出来,使人理解。

5.2.1　语言翻译机

解释器模式其实就是一个"语言翻译机",例如,将中文翻译成英文、将数学运算翻译成代码等。语言翻译机是用来解释语言或同类事物的机器,它应用在软件设计中就变成了解释器模式。理解解释器模式之前,我们必须明确相关的概念:终结符、非终结符和上下文环境变量。下面分别用书面语和大白话具体讲解解释器模式的基本理论。

（1）用书面语讲解释器模式

解释器模式是将给定的语言或运算符翻译成另外一种呈现形式的过程，这个翻译过程是将翻译这个动作定义为一个接口，将语言或运算符中的每个字母或符号定义为一个具体的对象类，这些对象类以继承的方式联系在一起，从而构成一个具体的对象树，通过接口将对象树和上下文环境融合，达到解释上下文的目的。

（2）用大白话讲解释器模式

讲解解释器模式之前，先用具体的案例解释几个重要概念。例如，给定 3 个数 a、b、c，求它们的和 sum，表达式为 sum = a + b + c。其中，a、b、c 是具体的字符符号，无法被改变，称为"终结符"；然而，+这样的运算符可以通过组合字符符号实现多种不同的组合形式，称为"非终结符"。在解释器模式中，"终结符"（a、b、c）和"非终结符"（+）分别被定义成各自的对象类，这些对象类以继承的方式联系，最终组合得到不同的运算结果。解释器模式就是用来解释"a+b+c"代表什么意义，通过"上下文环境"用符号组合来表示一种结果的过程。

什么情况下会用到解释器模式呢？举例如下。

① 重复过程的任务：如将固定终结符的小写字母转换成大写字母、将中文翻译成英文等。

② 要求添加特定标签的场合：如某个学校的学生、某天的航班等。

关键词：翻译、对象、上下文。

5.2.2　角色扮演

5.2.1 小节中明确了解释器模式的几个重要概念：终结符、非终结符、上下文环境。这些概念是解释器模式的核心组成部分，每一部分设计成一个类，三者通过接口继承的方式联系起来。解释器模式很好地诠释了三者之间的关系，它的 UML 类图如图 5-5 所示。

从图 5-5 中可以看出：解释器模式定义了一个抽象表达类 AbstractExpression，终结符表达类 NumExpression 和非终结符表达类 OperatorExpression 继承自这个抽象表达类，解释器之外的参数被定义成上下文环境类 Context。图 5-5 所示的解释器模式的 UML 类图所包含的具体角色如下。

① 抽象表达类 AbstractExpression：定义一个抽象解释接口 interpret()，这个抽象解释接口用来翻译整个软件设计流程的重要方法。

② 终结符表达类 NumExpression 和非终结符表达类 OperatorExpression：前者定义一些不变字符，后者定义可以改变的运算符，两者均继承自①中的抽象表达类 AbstractExpression，实现具体的 interpret()方法。另外，非终结符表达类 OperatorExpression 派生了一个更为具体的加法表达类 AddOperatorExpression，用来实现具体的上下文环境类 Context 的要求。

③ 上下文环境类 Context：包含解释器之外的一些参数和方法 Do()，将①、②中的表达类对象联系在一起，通过客户端 Client 的调用组合，共同发挥解释器模式的作用。

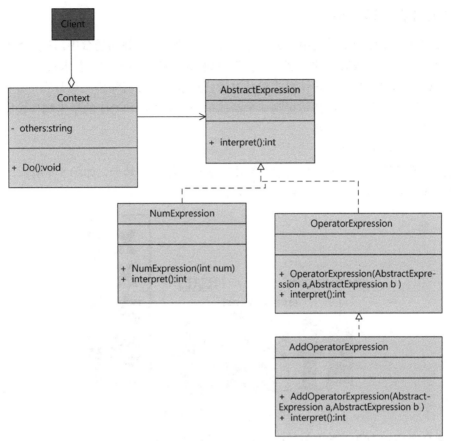

▲图5-5 解释器模式的 UML 类图

5.2.3 有利有弊

解释器模式的实现过程，如同开发者定义一套新的语法规则，这种语法规则将现有的字母和符号组合在一起，形成新的结果。说到这里，读者很容易想到正则表达式也是这样一种新的语法规则的体现。因此，解释器模式对于初学者来说并不是难以理解和运用的，该模式主要的优点和缺点如下。

（1）优点

① 解释器模式定义新的语法规则，可以弥补现有语法的不足，实现开发者想要的功能。

② 解释器模式可以继承和改变现有的语法规则，很好地实现对现有框架的扩展，并且新增派生类"非终结符类"，很方便地完成对语法规则的扩展。

（2）缺点

① 开发者理解解释器模式存在一定困难。该模式是软件设计中很少用到的一种设计模式。

② 解释器模式将每一个"终结符"和"非终结符"都定义成一个类，导致出现大量类，对开发者来说难以管理和维护。

5.2.4　校园门禁卡实际问题

解释器模式一般应用在重复出现的任务或要求添加特定标签的场合中,该场合下开发者运用抽象解释接口统一完成对外的"翻译工作"。这种设计模式对开发者要求较高,因此一般很少被应用,但是熟悉类行为型设计模式对开发者开拓视野和丰富编程思维具有一定的帮助。

最近,小码路所在的科技公司接到一个新的需求,为 BD 和 QH 的学生制作校园门禁卡,校园门禁卡是学生身份的解释器。

（1）主题——校园门禁卡

小码路按照校园门禁卡的制作要求,制作了解释器模式门禁卡,如图 5-6 所示,添加学生与学校的隶属关系,为每一位学生规定了身份。

▲图 5-6　解释器模式门禁卡

请用解释器模式为每个学生与学校建立查找匹配的关系。

（2）设计——学校的学生

可以想象这样的场景:学生进入校门之前,会刷一下校园门禁卡,向学校解释或证明自己是本校的学生,方可通行。所有的学生在进入校园之前都会重复这个过程,因此适合应用解释器模式解决该问题。

使用解释器模式要明确 3 个核心:终结符、非终结符、上下文环境。在解决校园门禁卡这类实际问题时,具体的步骤如下。

第一步:定义解释器的接口类,这个接口类包含解释虚方法,最终的"翻译环节"由这个虚方法实现。

第二步:定义终结符表达类和非终结符表达类,两者均继承自第一步中的抽象解释接口,实现具体的解释方法。其中,"终结符"是固定不变的方法,用来对当前学生是否存在进行查找;"非终结符"是定义学生属于某个学校的规则,是可以扩展变化的。

第三步:定义上下文环境类,它包含第一步和第二步中解释器需要的数据或公共功能,实现共享数据的传递与访问,客户端通过访问上下文环境类,实现对整个软件系统的控制。

结合 5.2.2 小节中对解释器模式的 UML 类图的介绍,以及以上设计步骤,用解释器模式解决校园门禁卡实际问题的 UML 类图如图 5-7 所示。

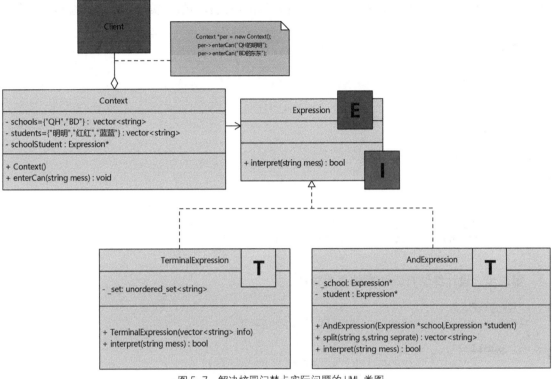

▲图 5-7 解决校园门禁卡实际问题的 UML 类图

图 5-7 中明确了基类抽象表达类 Expression 包含的抽象解释方法 interpret()是整个软件对外解释的入口，上下文环境类 Context 将终结符表达类 TerminalExpression 和非终结符表达类 AndExpression 联系起来。图 5-7 展现了程序设计的细节，5.2.5 小节的编程正是按照这些细节和步骤完成的。用解释器模式解决实际问题的程序设计清单主要包括如下内容。

① 抽象表达类 Expression、终结符表达类 TerminalExpression 和非终结符表达类 AndExpression：抽象解释接口 interpret(string mess)，与基类和两个派生类分别构成 EIT 造型。终结符表达类 TerminalExpression 主要用来对学生进行查找匹配，数据结构哈希表对查找的时间复杂度是 O(1)，因此定义一个 unordered_set，查看学生是不是本校的；非终结符表达类 AndExpression 除了实现具体的解释接口，主要是完成对规则的制定。

② 上下文环境类 Context：通过构造函数 Context()构造①中的具体对象，在内部方法 enterCan(string mess)中对学生进行检测解释，满足要求的学生方可进入校园。

③ 客户端 Client：通过构造上下文环境类 Context 的对象，调用 enterCan(string mess)方法完成对整个软件架构的控制。

5.2.5　用解释器模式解决问题

5.2.4 小节详细叙述了用解释器模式解决校园门禁卡实际问题的过程，图 5-7 所示的详细程序设计清单是本小节编程的重要参考，下面就为解决校园门禁卡实际问题进行编程，具体实现如下。

第一步：设计抽象解释接口。

```cpp
#include <iostream>
#include <cstring>
#include <set>
#include <unordered_set>
#include <numeric>
#include <vector>
using namespace std;

//抽象表达类
class Expression
{
    public:
        virtual bool interpret(string mess)=0;
};
```

第二步：设计终结符表达类的查找功能。

```cpp
//终结符表达类
class TerminalExpression:public Expression
{
    public:
        TerminalExpression(vector<string> info)
        {
            for(int i=0;i<info.size();i++)
            {
                _set.insert(info[i]);
                cout<<_set.size()<<endl;
            }
        }
        bool interpret(string mess)
        {
            std::unordered_set<std::string>::const_iterator pos1;
            for (pos1 = _set.begin();pos1 != _set.end();)
            {
                cout<<"pos1: "<<*pos1<<endl;
                ++pos1;
            }

            std::unordered_set<std::string>::const_iterator got = _set.find
            (mess);
            if(got == _set.end())
            {
                cout<<"查无此人 或 学校"<<endl;
                return false;
            }
```

```
        else
        {
            cout<<" 找到了 "<< *got<<endl;
             return true;
        }
    }
    private:
        unordered_set<string> _set;
};
```

第三步：非终结符表达类制定规则。

```
//非终结符表达类
class AndExpression : public Expression
{
    public:
        AndExpression(Expression *school,Expression *student)
        {
            this->school= school;
            this->student= student;
        }

        vector<string> split(string s,string seprate)
        {
            vector<string> ret;
            int seprate_len=seprate.length();
            int start=0;
            int index;
            while((index = s.find(seprate,start))!=-1){
                ret.push_back(s.substr(start,index-start));
                start = index+seprate_len;
            }
            if(start<s.length())
                ret.push_back(s.substr(start,s.length()-start));
            return ret;
        }

        bool interpret(string mess)
        {
            vector<string> s=split(mess,"的");
            cout<<"s[0]: "<<s[0]<<", s[1]: "<<s[1]<<endl;
            return school->interpret(s[0]) && student->interpret(s[1]);
        }

    private:
        Expression *school;
        Expression *student;
};
```

第四步：设计上下文环境类。

```
//上下文环境类
class Context
{
    public:
```

```
        Context()
        {
            Expression *school = new TerminalExpression(schools);
            Expression *student = new TerminalExpression(students);
            schoolStudent = new AndExpression(school,student);
        }
        void enterCan(string mess)
        {
            bool ok=schoolStudent->interpret(mess);
            if(ok)
                cout<<"这个学生是 "<<mess<<" 可以进入校园!"<<endl;
            else
                cout<<mess<<" 不可以进入校园!"<<endl;
        }

    private:
        vector<string> schools={"QH","BD"};
        vector<string> students={"明明","红红","蓝蓝"};
        Expression *schoolStudent;
};
```

第五步：客户端实现校园门禁卡控制。

```
int main()
{
    Context *per = new Context();
    per->enterCan("QH 的明明");
    per->enterCan("BD 的东东");
    delete per;

}
```

结果显示：

```
QH 的明明
s[0]: QH，s[1]: 明明
pos1: BD
pos1: QH
 找到了 QH
pos1: 红红
pos1: 蓝蓝
pos1: 明明
 找到了 明明
这个学生是 QH 的明明 可以进入校园!
```

```
BD 的东东
s[0]: BD，s[1]: 东东
pos1: BD
pos1: QH
 找到了 BD
pos1: 红红
pos1: 蓝蓝
pos1: 明明
查无此人 或 学校
BD 的东东 不可以进入校园!
```

5.2.6 小结

本节首先通过读者熟悉的"语言翻译机"解释了什么是解释器模式，详细说明了解释器模式的基本理论和核心概念；然后说明了解释器模式的优缺点，让读者明白应用解释器模式也是有代价的；接着用校园门禁卡实际案例阐述了解释器模式的设计思路和具体编程实现步骤。解释器模式虽然很少被使用，但在特定场合也有其存在的价值。

思而不罔

类指针对象作为类的成员变量被应用时应该注意什么？哈希表实现的内部逻辑是什么？
非终结符不是一成不变的，在本案例中如要扩展"浙大学生"，请问该如何设计？

温故而知新

解释器模式定义一种新的语法规则，用来解决重复出现的问题。虽然解释器模式有灵活的扩展性，但是由于其存在不易理解的语法词汇，因此开发者在进行代码设计时，应权衡解释器模式的利弊，有选择地使用，而不是盲目地使用解释器模式，这样可以提高开发的效率。
在实际项目开发中，经常会遇到多个条件判断的情况，如何解决条件分支的耦合问题呢？
5.3 节讲的策略模式将为读者揭开谜底。

5.3 策略模式——旅行方式多

策略指的是处理一个问题时所用的巧妙的方法或技巧。策略模式在软件开发，尤其涉及众多复杂算法的场景中发挥着重要作用。

5.3.1　多分支判断

我们在实际开发中经常会遇到众多分支条件判断的情景,在学习本章之前,"if/else"是首选的应对策略,每个条件分支代表不同的算法,但这可能会使条件选择过于臃肿。如何避免臃肿的条件选择呢?策略模式的出现很好地解决了此类问题。下面分别用书面语和大白话讲解策略模式的基本理论。

(1)用书面语讲策略模式

策略模式是指在软件开发中,同一个对象或不同对象在不同的场景有不同的实现算法,将不同的算法进行独立封装,通过外部接口传入不同的参数调用相应的算法,实现客户端与算法的解耦,达到用不同的算法过程实现不同结果的目的。

(2)用大白话讲策略模式

开发者在软件设计中经常会遇到一个问题有多种解决方案的情景,或者不同的算法应用在相同的业务处理中,每种解决方案或算法都有其特定的使用条件。此时,最常见的设计方式是利用"if/else"或者"switch/case"根据不同场景选择不同算法或解决方法。这种设计会使一个类或方法变得异常庞大和臃肿,对开发者来说,难以维护和扩展。如果将这些不同算法或解决方法抽象为一个统一的接口,将它们独立封装,对外隐藏实现部分,客户端利用不同实现对象的传参来实现不同方法的调用,这样一来,客户端只需要修改传入的参数,就可以实现不同策略的选择,完成多个分支的处理。

什么情况下会用到策略模式呢?举例如下。

①　地铁和出租车的计费标准不同,相同的是两者都是根据距离来计费的。

②　商场在过节时促销的方式多种多样,如两件九折、三件八折、买两件返现金三百元等,不同的商品有不同的销售策略。

关键词:策略、封装算法、参数传递。

5.3.2　角色扮演

5.3.1 小节讲到策略模式用于处理不同对象有不同处理算法或策略的问题,将不同的算法或策略抽象出一个接口,它们是独立的,可以互相替换。客户端通过这个接口传入的不同对象或参数实现算法和策略的调用。因此,抽象接口的设计至关重要。同时,各种算法策略也发挥着重要作用。接口和算法策略是策略模式的核心,图 5-8 是策略模式的 UML 类图。

从图 5-8 中可以看出:策略模式利用抽象策略基类 Strategy 声明一个接口方法,通过上下文环境类 Context 决定选择哪个具体策略派生类,实现各自不同的具体方法。图 5-8 所示的策略模式的 UML 类图所包含的具体角色如下。

①　抽象策略基类 Strategy 和具体策略派生类 ConStrategyA、ConStrategyB:具体策略派生类分别实现基类中声明的虚方法 AlgoKind(),基类中封装了具体的算法,派生类实现具体的策略,替代因为不同的具体对象而使用"if/else"或者"switch/case"的判断条件。

②　上下文环境类 Context:客户端 Client 在构造这个对象的同时,通过传参的形式声明①

中的具体策略派生类，再调用自身的 Dowork()方法完成对具体策略方法的控制。

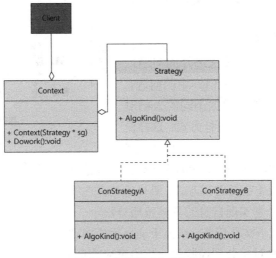

▲图 5-8　策略模式的 UML 类图

5.3.3　有利有弊

策略模式其实是一种对算法的封装，这种算法随时可以变化和被替代。策略模式为每个算法定义一个具体的算法策略类，并且每种算法策略类对象可以对自己的算法进行简单测试。但是，客户端需要对每种算法都有所了解，不然无法构造期望的策略对象。策略模式的优点和缺点如下。

（1）优点

① 每种算法单独成类，可以对每种算法进行单独的模块测试，验证算法的有效性。

② 使用策略模式封装算法之后，便于维护和扩展，结构清晰明了，便于初学者学习与理解。

（2）缺点

① 每一种策略都要单独成类，可想而知，策略越多，增加的算法派生类越多，系统会变得异常庞大。

② 客户端必须了解所有算法策略的具体含义，才能通过上下文环境类控制所选的策略对象。

5.3.4　旅行方式多实际问题

策略模式的主要作用是对不同的算法进行剥离，不同的算法策略有自身具体的实现。因此，策略模式主要解决的是存在多个分支判断条件，每个条件下使用不同算法的问题。为了避免在类中设计众多"if/else"或"switch/case"判断，策略模式将不同条件下的实现行为封装成独立的策略类。五一假期，小码路用策略模式筹划旅行。

（1）主题——旅行方式多

五一假期，小码路、哥哥和弟弟分别乘坐不同的交通工具去三亚旅游，用策略模式筹划旅行，如图 5-9 所示。

请用策略模式完成构造人物对象的同时选定交通工具，摆脱"if/else"的设计，实现旅行方式的选择。

用策略模式筹划旅行

▲图 5-9　用策略模式筹划旅行

（2）设计——方式即策略

策略模式解决的就是多种算法选择的问题，如果不考虑利用策略模式去解决（1）中的问题，其实只需要设计一个类，然后根据不同的人物对象，利用分支判断去查找不同的出行方式，这样设计是最简单明了的，但又是最"不好"的设计，完全违背了开闭原则。因此，考虑使用策略模式解决"旅行方式多"实际问题，具体的步骤如下。

第一步：抽象策略基类定义出行方式，具体策略派生类代表 3 种不同的旅行方式——自驾车、高铁和公共汽车，分别实现自身的具体策略方法。

第二步：定义一个上下文环境类，在上下文环境类中通过构造函数构造第一步中不同的具体策略派生类对象，这些对象分别控制第一步中对应的策略方法。

第三步：客户端在构造第二步中的上下文环境类的同时，就可以完成对第一步中具体策略派生类对象的构造，进而实现不同个体的不同旅行方式选择。

结合 5.3.2 小节中对策略模式的 UML 类图的介绍，以及以上具体的设计步骤，使用策略模式解决"旅行方式多"实际问题的 UML 类图如图 5-10 所示。

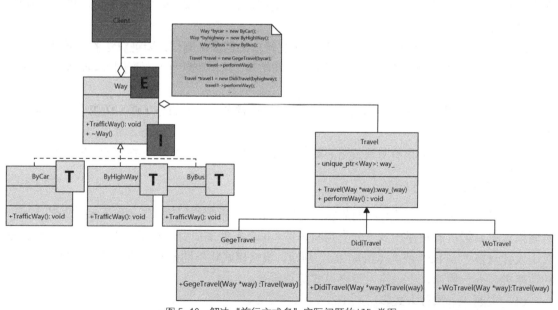

▲图 5-10　解决"旅行方式多"实际问题的 UML 类图

图 5-10 中明确了策略模式中的抽象策略基类 Way 以及声明的抽象策略方法 TrafficWay()，

具体的策略方法可以看作不同的"算法簇"，每个"算法簇"实现自身具体的策略。通过上下文环境类 Travel 构造具体的"算法簇"，进而完成对具体方法的控制。图 5-10 展示了详细的程序设计清单，也是 5.3.5 小节编程的参考，主要包括如下内容。

① 抽象策略基类 Way 和具体策略派生类 ByCar、ByHighWay、ByBus：抽象策略基类声明虚方法 TrafficWay()，与每个具体策略派生类分别构成 EIT 造型，具体策略派生类实现各自具体的策略方法 TrafficWay()。

② 上下文环境类 Travel：实现一个 performWay()方法，小码路类 WoTravel、哥哥类 GegeTravel、弟弟类 DidiTravel 分别继承自上下文环境类 Travel。

③ 客户端 Client：将①中的具体策略派生类作为构造函数参数传入，进而构造②中上下文环境类的派生类，并调用 performWay()方法，完成对①中具体策略的控制。

5.3.5 用策略模式解决问题

5.3.4 小节明确了用策略模式解决"旅行方式多"问题的步骤，并且图 5-10 中的 UML 类图已经给出了具体的实现细节，根据这些实现细节完成的代码如下。

第一步：设计抽象策略基类和具体策略派生类。

```cpp
#pragma once

#include <iostream>
using namespace std;

class Way
{
    public:
        virtual void TrafficWay()=0;
        virtual ~Way(){};
};

class ByCar:public Way
{
    public:
        void TrafficWay()
        {
            cout<<"自驾车旅游"<<endl;
        }
};

class ByHighWay:public Way
{
    public:
        void TrafficWay()
        {
            cout<<"乘高铁旅游"<<endl;
        }
};

class ByBus:public Way
{
```

```
public:
    void TrafficWay()
    {
        cout<<"乘公共汽车旅游"<<endl;
    }
};
```

第二步：设计上下文环境类 Travel。

```
#include "ce.h"
#include <memory>

class Travel {
    public:
        Travel(Way *way):way_(way){}
        void performWay(){
            way_->TrafficWay();
        }

    private:
        std::unique_ptr<Way> way_;
};

class GegeTravel : public Travel {
    public:
        GegeTravel(Way *way) :Travel(way)
        {
            cout<<"我是哥哥"<<endl;
        }
};

class DidiTravel : public Travel {
    public:
        DidiTravel(Way *way):Travel(way)
        {
            cout<<"我是弟弟"<<endl;
        }
};

class WoTravel : public Travel {
    public:
        WoTravel(Way *way):Travel(way)
        {
            cout<<"我是小码路"<<endl;
        }
};
```

第三步：客户端选择旅行方式。

```
int main()
{
    Way *bycar = new ByCar();
    Way *byhighway = new ByHighWay();
    Way *bybus = new ByBus();

    Travel *travel = new GegeTravel(bycar);
    travel->performWay();
```

```
    Travel *travel1 = new DidiTravel(byhighway);
    travel1->performWay();


    Travel *travel2 = new WoTravel(bybus);
    travel2->performWay();
    delete bycar;
    delete byhighway;
    delete bybus;
    delete travel;
    delete travel1;
    delete travel2;

}
```

结果显示：

```
我是哥哥
自驾车旅游
我是弟弟
乘高铁旅游
我是小码路
乘公共汽车旅游
```

5.3.6 小结

本节首先利用常见的"乘车收费"和"商场促销"的案例说明策略模式的应用，讲解了策略模式的基本理论；然后说明了策略模式的主要组成对象和优缺点；接着针对具体的"旅行方式多"实际案例，完成一整套策略模式架构的设计。策略模式用于解决多种算法选择的问题，在实际开发中，遇到多种算法，或者算法经常根据实际情况变更时就可以考虑使用策略模式。并且，策略模式如果能够与简单工厂模式组合使用，设计出来的框架会令人耳目一新。

思而不罔

策略模式的主要思想是什么？策略模式与简单工厂模式非常相似，从本次代码设计中能看出两者有什么区别吗？

温故而知新

策略模式利用构造多个具体的策略对象的方式实现多个不同的算法策略，避免了因为选择不同的算法而用到逻辑判断（"if/else"或者"switch/case"），简化了代码的主体架构，封装了算法步骤的具体实现。策略模式在行为型设计模式中是比较常用的软件设计模式，在软件开发中占据重要地位。

在现实生活中，你去一家餐厅就餐，首先需要发出点菜的申请，然后服务员接收到申请，接着安排厨师备菜，最后你才可以享受美食。类似的操作流程"申请—接收—安排"，在软件开发中是怎样实现的呢？ 5.4 节的命令模式将为读者揭开谜底。

5.4　命令模式——顾客点菜

命令这个词可以用于"上级命令下级"的情景：上级发出命令，下级接收命令，并将这些命令下发到具体的部门，各个部门去执行这些命令，最终上级得到反馈结果。本节所讲述的命令模式正是这一系列操作的最佳实现。

5.4.1　请求对象化

命令模式将"上级发出命令"与"部门执行命令"分割开来，创建一个具体的上级命令对象，同时设定下级对象作为它的命令接收者，下级对象通知各个部门去执行这些命令。因此，命令模式实现了"命令发起者"与"命令执行者"之间的解耦，下面从书面语和大白话两方面讲解命令模式的基本理论。

（1）用书面语讲命令模式

命令模式将"命令"封装为对象，一个命令封装成一个对象，并且设定对应的命令接收者，命令接收者将这些"命令"保存在队列或容器中，并将这些"命令"通知到命令执行者，最后命令执行者对象根据需要执行的操作进行对应参数化的设计。命令模式利用"命令"对象化的设计，实现命令发起者与命令执行者之间的松耦合。

（2）用大白话讲命令模式

在现实生活中，我们通常会遇到执行一个操作指令之后，系统自动触发一系列的操作的情况，客户端并不需要关心这一系列的操作过程，只需要关注最后的结果。类似的情景应用在实际的软件开发中可以这样解释：客户端发出命令后，不用关心具体的实现过程；命令接收者接收到命令（假如命令有多个），会将它们封装在队列中，并通知命令执行者；命令执行者根据命令执行特定的行为动作。

什么情况下会用到命令模式呢？举例如下。

① 计算机的关机过程：程序员单击"关机"按钮，计算机会自动检测正在运行的程序，并提示是否结束当前进程、是否保存当前文件，待程序员确认后，才真正执行关机命令。

② 顾客在餐馆就餐的过程：顾客发出点菜申请，服务员记录并下单，告知厨师备菜，厨师不用关心顾客的需求变更，只关注服务员给的订单记录即可。

关键词：一条指令、多个操作。

5.4.2　角色扮演

5.4.1 小节中提到命令模式中存在命令发起者、命令接收者和命令执行者，这三者正是命令模式的主要组成部分。命令模式通过命令接收者将命令发起者和命令执行者解耦，这种思想体现在命令模式的 UML 类图中，如图 5-11 所示。

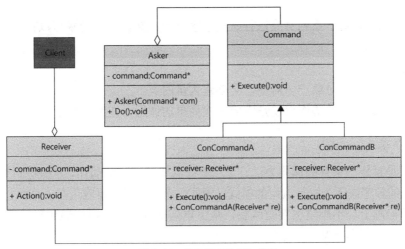

▲图 5-11 命令模式的 UML 类图

从图 5-11 中可以看出：命令模式主要由命令发起者 Asker、命令接收者 Receiver、命令执行者 Command 和客户端 Client 这 4 部分组成。客户端创建一个具体的 Command 对象，并设定它的命令接收者 Receiver，同时可以调用 Receiver 的方法。Asker 对象用来请求某个具体的命令，提供一个 Do()方法，用来对 Command 对象的方法进行间接控制。图 5-11 所示的命令模式的 UML 类图所包含的具体角色如下。

① 抽象命令对象 Command 和具体命令对象 ConCommandA、ConCommandB：后者派生于抽象命令对象 Command，并且其构造函数参数中包含接收者对象 Receiver，实现具体的命令方法 Execute()，这个方法主要用来调用接收者对象 Receiver 中的方法。

② 接收者对象 Receiver：任何类都可以作为接收者，实现真正执行具体命令逻辑的方法 Action()，这个方法包含执行者具体的操作，这些操作是"命令"执行过程的主要组成部分。

③ 请求者对象 Asker：包含一个抽象命令对象 Command，用来调用抽象命令对象去执行具体的请求，其中的 Do()方法是客户端下发的原始请求方法。

④ 客户端 Client：通过③中的请求者对象 Asker 请求执行命令，通过②中的接收者对象 Receiver 接收命令，并将命令封装在队列或容器中，分步骤完成对具体命令对象方法的调用。

5.4.3 有利有弊

命令模式将每个请求的方法独立封装成命令对象，命令发起者提供一个参数化的请求接口，并且通过不同的命令对象的传参调用具体命令，实现发起与执行的分离。但是，每个命令的方法都需要独立成一个命令类，这无疑增加了类的个数，造成类的臃肿。命令模式的优点和缺点主要如下。

（1）优点

① 命令发起者和命令执行者之间解耦，扩展新的命令只需要增加一个具体的命令对象，不会影响现有框架。

② 命令模式可以对一系列命令进行队列或容器的封装，一个请求可以执行多个已经封装在队列或容器中的命令。

（2）缺点

① 执行方法和命令对象一一对应，会创建大量的类。

② 多个类对象之间的协作仅仅是完成一次简单的调用，在某些情况下得不偿失。

5.4.4　顾客点菜实际问题

命令模式是封装一系列的调用方法，客户端只需要执行一个动作，这些被封装的命令就会按照之前排好的顺序被逐个执行调用的模式。因此，命令模式主要应用在一个执行动作"诱发"一系列操作的问题上。小码路去餐馆就餐，从下单到就餐的过程很好地体现了命令模式。

（1）主题——顾客点菜

小码路下班后来到"命令模式点餐餐馆"，他发出点餐的指令，服务员下单，厨师根据菜单炒菜，整个过程如图 5-12 所示。

▲图 5-12　在"命令模式点餐餐馆"的点餐过程

请用命令模式实现小码路和厨师之间的联系，达到只进行"点菜"的动作，就可以享受到美食的目的。

（2）设计——解耦多个调用

命令模式解决的就是类似（1）中一个指令诱发多个执行动作的问题，核心是把多个执行动作进行封装。通俗点讲，命令模式就是将一个简单的调用关系分解成多个部分。在这个实例中，就是把顾客最后享受美食这个结果分解成顾客点菜、服务员下单、厨师做菜、服务员上菜和顾客享用等一系列的操作。使用命令模式实现（1）中"顾客点菜"的具体步骤如下。

第一步：命令发起者是顾客，顾客下发点菜命令，决定后面一系列的操作，服务员根据顾客点菜的种类，选择不同的厨师，做出不同的饭菜。

第二步：命令执行者是厨师，厨师根据命令接收者对象构造一个具体命令对象，这里的具体命令对象可以是"烤串"命令对象或"炒菜"命令对象。

第三步：命令接收者是服务员，服务员根据第二步中的具体命令对象构造命令发起者对象，命令发起者对象执行请求方法，完成第一步中的一系列操作。

根据 5.4.2 小节角色扮演中的命令模式的 UML 类图，以及以上具体的设计步骤，使用命令模式实现顾客点菜的 UML 类图如图 5-13 所示。

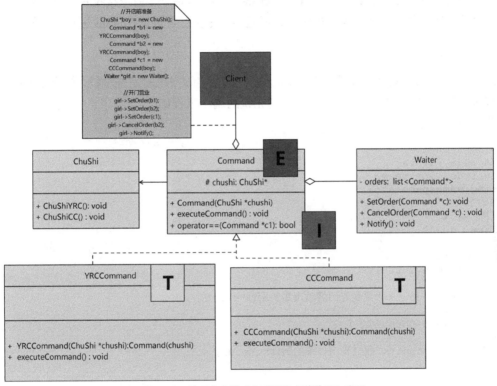

▲图 5-13 使用命令模式实现顾客点菜的 UML 类图

图 5-13 中明确了命令模式中命令接收者对象 Waiter、命令执行者对象 ChuShi 和命令发起者对象 Command 三者之间的关系。并且，命令接收者对象 Waiter 会将具体命令对象放在 list 容器中，用来存储执行过的命令对象，这样可以记忆之前做了哪些命令动作，并且可以实时执行设置命令方法 SetOrder(Command *c)和取消命令方法 CancelOrder(Command *c)。图 5-13 展示了使用命令模式解决实际问题的详细程序设计清单，它是 5.4.5 小节编程的框架，主要包括如下内容。

① 命令发起者对象 Command 和具体命令对象 YRCCommand、CCCommand：Command 中包含一个虚方法 executeCommand()，分别与具体命令对象构成 EIT 造型。executeCommand()方法用来执行命令执行者对象 ChuShi 中的具体操作方法。

② 命令执行者对象 ChuShi：执行接收到①中命令之后的最后动作，主要包含"烤串"方

法 ChuShiYRC()和"炒菜"方法 ChuShiCC()，这两个方法在①中被具体命令对象间接调用。

③ 命令接收者对象 Waiter：接收①中命令的"第一道防线"，它把具体命令对象封装在 list 容器中，并且设有重置命令方法 SetOrder(Command *c)和取消命令方法 CancleOrder(Command *c)，方便记忆当前顾客增加了什么订单和取消了什么订单，最后利用 Notify()方法调用①中的具体命令实现 executeCommand()方法。

④ 客户端 Client：首先构造一个命令执行者对象 ChuShi，然后根据命令执行者对象构造一个具体命令对象 YRCCommand 或者 CCCommand，接着构造一个命令接收者对象 Waiter，命令接收者对象进行下单或取消订单的操作，最后通知命令执行者对象 ChuShi 进行相应的操作。

5.4.5　用命令模式解决问题

5.4.4 小节详细叙述了使用命令模式解决顾客点菜实际问题的完整过程，根据 5.4.4 小节的设计步骤和图 5-13 中的 UML 类图，实现的完整的编程过程如下。

第一步：设计命令执行者对象。

```cpp
#pragma once
#include <list>
#include <iostream>
using namespace std;

//执行者
class ChuShi
{
    public:
        void ChuShiYRC()
        {
            cout<<"我是专门烤羊肉串的厨师"<<endl;
        }
        void ChuShiCC()
        {
            cout<<"我是专门炒菜的厨师"<<endl;
        }
};
```

第二步：设计命令发起者对象和具体命令对象。

```cpp
//命令发起者对象
class Command
{
    public:
        Command(ChuShi *chushi)
        {
            this->chushi=chushi;
        }
        virtual void executeCommand()=0;
        bool operator==(Command *c1);
    protected:
        ChuShi *chushi;
};
```

```cpp
//具体命令对象
class YRCCommand:public Command
{
    public:
        YRCCommand(ChuShi *chushi):Command(chushi)
        {

        }
        void executeCommand() override
        {
            chushi->ChuShiYRC();
        }
};

class CCCommand:public Command
{
    public:
        CCCommand(ChuShi *chushi):Command(chushi)
        {

        }
        void executeCommand() override
        {
            chushi->ChuShiCC();
        }
};

bool Command::operator==(Command *c1)
{
    return *this==c1;
}
```

第三步：设计命令接收者对象。

```cpp
//服务员
class Waiter
{
    private:
        list<Command*> orders;
    public:
        void SetOrder(Command *c)
        {
            cout<<"顾客增加了一份订单"<<endl;
            orders.push_back(c);

        }
        void CancelOrder(Command *c)
        {
            orders.remove(c);
            cout<<"顾客取消了一份订单"<<endl;
        }
        void Notify()
        {
            for (auto &o : orders)
            {
```

```
                o->executeCommand();
            }
        }
};
```

第四步：实现顾客点菜完整过程。

```cpp
#include "m.h"

int main()
{
    //开店前准备
    ChuShi *boy = new ChuShi();
    Command *b1 = new YRCCommand(boy);
    Command *b2 = new YRCCommand(boy);
    Command *c1 = new CCCommand(boy);
    Waiter *girl = new Waiter();

    //开门营业
    girl->SetOrder(b1);
    girl->SetOrder(b2);
    girl->SetOrder(c1);
    girl->CancelOrder(b2);
    girl->Notify();
    delete boy;
    delete b1;
    delete b2;
    delete c1;
    delete girl;
}
```

结果显示：

```
顾客增加了一份订单
顾客增加了一份订单
顾客增加了一份订单
顾客取消了一份订单
我是专门烤羊肉串的厨师
我是专门炒菜的厨师
```

5.4.6 小结

本节首先通过生活中常见的"上级命令下级"案例引出了命令模式的概念；然后用书面语和大白话详细讲解了命令模式的基本理论和应用案例，并且列出了命令模式的优缺点；接着用 UML 类图解释了命令模式的主要组成部分以及每一部分发挥的作用；最后用顾客点菜实际案例讲解了使用命令模式解题的具体步骤和详细的程序设计。读者在本章的学习中，应明确一点：命令模式是把简单的调用关系分解成多个复杂的步骤，增加类的个数，因此对设计开发者扩展是有利的，但是后续的维护是困难的，实际开发中是否应用这种设计模式，需要权衡利弊，做出最佳的判断和选择。

思而不罔

请读者回忆 C++程序设计中类重载相等运算符的使用、auto 的使用，以及其中的注意事项。

温故而知新

命令模式实现了命令发起者和命令执行者之间的解耦，其核心是明确命令模式中的三大组件——命令发起者、命令接收者和命令执行者。这三大组件通过参数传递的方式进行关联，进而完成相互的调用。这样的设计也给开发者带来了类复杂性的困扰，开发者应该先斟酌命令模式在实际项目中的优缺点，再考虑是否使用它。

在现实工作中，读者难免会遇到向公司申请休假的情况，根据公司规定，一般需要根据申请休假的具体天数向不同职位的领导发起审批邀请，如何用程序体现这一过程呢？5.5 节的责任链模式将给出答案。

5.5 责任链模式——审批流程多

提起责任，读者很容易想到它指的是一个人在一个岗位上应该做的事情。人与人的职位不同，责任也不同，将不同职位的责任"串在一起"，就形成了责任链。在现实生活中，通常一个机密事件或重要事件的审批，需要获得这条责任链上所有职位的领导的同意，本节将要讲述的责任链模式恰恰适用于这一场景。

5.5.1 职责串联

责任链模式首先会声明一个"行为请求者"，这个行为请求者会发起自身的行为请求，传递给"请求接收者"。这条责任链上会存在多对这样的行为请求者和请求接收者，每个对象只负责处理自己职责范围内的事情，不在自己职责范围内的事情就传递给下一个对象，直到完成最初的行为请求者发起的行为请求。下面分别用书面语和大白话讲解责任链模式的基本理论。

（1）用书面语讲责任链模式

责任链模式将最初的行为请求者与最终的请求接收者进行解耦，客户端只需要发出一份请求，不用关心这份请求在责任链里被哪个请求接收者处理，每个行为请求者和请求接收者都独立形成一个模块对象，最初的需求就由责任链上的多个模块协作完成，并且每个模块只处理自己职责范围内的事情，直到完成最初的需求为止。每个对象是通过对下一个对象的参数传递连接起来，形成一条责任链的，每个对象可以动态重构自己的职责，而不影响其他对象。

（2）用大白话讲责任链模式

在软件开发中，当用户提出一个需求时，运营者首先会收集需求信息，考虑需求是否值得进行开发，然后运营者向产品经理汇报这个需求，产品经理需要同开发经理开会讨论，最后上报技术总监，这一系列职责传递的过程就是一条责任链，每个人都有自己有限的权力，处理分内的事情，不得越级。责任链模式定义了需求的传递方向，通过运营者、产品经理、开发经理、技术总监等多个对象对需求的传递、处理，完成一个需求开发的决策。

什么情况下会用到责任链模式呢？举例如下。

① 程序员加薪：首先上报组长，组长决定不了就上报总监，总监拿不定主意就上报总经理。

② 学生请假：根据不同的请假天数，需要班主任、年级组长、教务处长等分别进行审批。

关键词：一系列、责任、传递。

5.5.2　角色扮演

责任链模式将一个请求交给多个对象去处理，并且这多个对象之间是层层递进的关系，按照一定的顺序进行自身职责范围内的处理，处理不了的就传递给下一个对象。因此，责任链模式中多个对象的构造是必不可少的，多个对象之间如何进行关联和传递是程序员需要重点考虑的问题。这些关键信息体现在责任链模式的 UML 类图中，如图 5-14 所示。

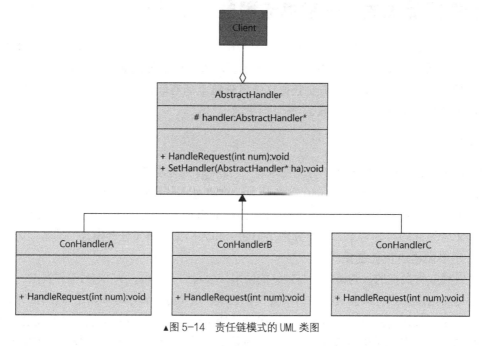

▲图 5-14　责任链模式的 UML 类图

从图 5-14 中可以看出：责任链模式主要由抽象处理对象 AbstractHandler 和具体处理对象组成，抽象处理对象中会设置下一节点的处理对象 AbstractHandler，客户端首先构造具体的处理对象，并且设置具体处理对象的下一个节点，请求从首个处理对象开始处理。图 5-14 所示的责任链模式的 UML 类图所包含的具体角色如下。

① 抽象处理对象 AbstractHandler：定义一个处理请求的接口 HandleRequest(int num)和设置下一节点的方法 SetHandler(AbstractHandler* ha)，一个 protected 类型的 handler 对象用来设定下一节点的处理者。

② 具体处理对象 ConHandlerA、ConHandlerB 和 ConHandlerC：分别实现自身负责的处理请求，并且可以访问下一个处理对象节点，自身对①中的请求进行处理，对于不在自身职责范围内的请求，则传递给下一个节点进行处理。

③ 客户端 Client：构造 3 个具体处理对象 hA、hB 和 hC，通过 SetHandler (AbstractHandler* ha)方法设置责任链上处理对象的职级关系，最终形成 hA→hB→hC 这样的责任链，请求从 hA 开始传递，直到遇到可以处理该请求的对象为止。

5.5.3 有利有弊

从 5.5.2 小节中可以看出责任链模式可以将客户端请求与具体处理对象分离，责任链上的每一个处理对象都可以独立处理请求，这样的设计就避免了因为处理请求的多样性出现多个分支条件的判断，在一个类中完成多个职责的问题。但是，使用责任链模式时产生的多个类也给开发者带来了一定的不便。责任链模式的优缺点如下。

（1）优点

① 将行为请求者和请求接收者解耦，方便代码的扩展和修改，提高代码的灵活性。

② 责任链上的每一个请求接收者都可以独立完成请求处理，并且可以单独测试请求处理模块，提高代码的健壮性。

（2）缺点

① 责任链中的每个请求接收者需要明确自身的职责以及各个处理对象之间的层级关系，对开发者前期思考能力要求较高。

② 责任链中的请求接收者较多时，循环遍历责任链中的请求接收者的时间就会越长，这对程序的性能会产生一定的影响。

5.5.4 审批流程多实际问题

责任链模式主要应用在一个处理请求可以被多个请求接收者处理的情况，并且"何时用到请求接收者"是在实际开发中根据处理请求的条件动态决定的。客户端不用关心处理请求的对象，只需要发出处理请求，等待处理结果。现实生活中会遇到许多类似的问题，如学生请假、员工申请加薪、员工出差报销等，这些问题都不是单纯一个职级的请求接收者可以处理的，需要根据实际情况由多个职级的请求接收者共同完成。

（1）主题——审批流程多

小码路上学期间经常请假，但是学校有请假审批制度，请假审批责任链如图 5-15 所示。请用责任链模式完成小码路请假 8 天的审批流程。

（2）设计——层级处理请求

如果不考虑用责任链模式对（1）中的实际案例进行开发，可以设计一个审批对象类，这个类中包含一个处理审批的方法，该方法根据申请假期的天数进行条件判断，完成不同的逻辑处理。但是，这样的设计会造成一个类中包含太多的责任，违背了单一职责原则，并且如果此时增加更高职级的审批，则需要修改这个类，违背了开闭原则。责任链模式解决的就是一个处理请求可以被多个处理对

▲图 5-15　请假审批责任链

象处理的问题，核心是明确多个处理对象之间的层级关系——依次经过处理对象的顺序。使用责任链模式解决"审批流程多"实际问题的具体步骤如下。

第一步：责任链起始端的请求接收者是班主任，后面依次是系主任和院长，行为请求者是小码路，每个请求接收者都独立成类，并且实现自身的职责方法。

第二步：责任链上的请求接收者根据行为请求者申请的天数进行自身职责的匹配，当前请求接收者不能处理时，则传递给下一级的请求接收者，直到完成请求的处理。

结合 5.5.2 小节讲解的责任链模式的 UML 类图，以及以上具体的设计步骤，使用责任链模式解决"审批流程多"实际问题的 UML 类图如图 5-16 所示。

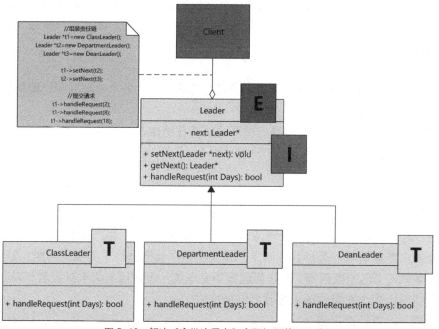

▲图 5-16　解决"审批流程多"实际问题的 UML 类图

图 5-16 中明确了责任链模式中各个请求接收者的职责，在抽象处理对象 Leader 中声明各

个具体处理对象的接口方法 handleRequest(int Days)，并且在抽象处理对象 Leader 中将各个具体处理对象的顺序用 setNext(Leader *next)方法进行排列，客户端只需要发出请求，等待请求结果返回。图 5-16 展示了用责任链模式解决"审批流程多"实际问题的具体类和类方法，这是 5.5.5 小节编程的关键，主要包括如下内容。

① 抽象处理对象 Leader：声明处理方法 handleRequest(int Days)虚方法，通过 setNext(Leader *next)方法将具体处理对象的层级关系建立起来，getNext()方法用来获取当前对象的下一个对象。

② 具体处理对象班主任类 ClassLeader、系主任类 DepartmentLeader 和院长类 DeanLeader：三者分别与①中的抽象处理对象 Leader、虚方法 handleRequest(int Days)构成 EIT 造型，实现各自具体的职责方法 handleRequest(int Days)。

③ 客户端 Client：首先构造具体处理对象 t1(ClassLeader)、t2(DepartmentLeader)和 t3(DeanLeader)，然后由①中的 setNext(Leader *next)方法组成责任链 t1→t2→t3，最后行为请求者从责任链起始端 t1 开始请求处理，直到返回请求处理结果为止。

5.5.5　用责任链模式解决问题

5.5.4 小节详细说明了如何用责任链模式解决"审批流程多"实际问题，根据其中对具体实现步骤的描述，以及图 5-16 所示的 UML 类图，可设计实现的详细代码如下。

第一步：设计抽象处理对象。

```cpp
#pragma once
#include <iostream>
using namespace std;
#include <cstring>

//抽象处理对象
class Leader
{
    public:
        void setNext(Leader *next)
        {
            this->next=next;
        }
        Leader* getNext()
        {
            return next;
        }
        //处理请求的方法
        virtual void handleRequest(int Days)=0;

    private:
        Leader *next;
};
```

第二步：设计具体处理对象。

//具体处理对象：班主任

```cpp
class ClassLeader:public Leader
{
    public:
        void handleRequest(int Days)
        {
            if(Days <=2)
            {
                cout<<"班主任批准你请假:  "<<Days<<" 天"<<endl;
            }
            else
            {
                if(getNext()!=NULL)
                {
                    getNext()->handleRequest(Days);
                }
                else
                {
                    cout<<"请假天数太多，去找系主任吧! "<<endl;
                }
            }
        }
};

//具体处理对象: 系主任
class DepartmentLeader:public Leader
{
    public:
        void handleRequest(int Days)
        {
            if(Days <=7)
            {
                cout<<"系主任批准你请假:  "<<Days<<" 天"<<endl;
            }
            else
            {
                if(getNext()!=NULL)
                {
                    getNext()->handleRequest(Days);
                }
                else
                {
                    cout<<"请假天数太多，去找院长吧! "<<endl;
                }
            }
        }
};

//具体处理对象: 院长
class DeanLeader:public Leader
{
    public:
        void handleRequest(int Days)
        {
            if(Days <=10)
            {
                cout<<"院长批准你请假:  "<<Days<<" 天"<<endl;
            }
            else
```

```
            {
                if(getNext()!=NULL)
                {
                    getNext()->handleRequest(Days);
                }
                else
                {
                    cout<<"请假天数太多，直接休学吧！"<<endl;
                }
            }
        }
};
```

第三步：客户端完成学生请假流程。

```
#include "z.h"

int main()
{
    //组装责任链
    Leader *t1=new ClassLeader();
    Leader *t2=new DepartmentLeader();
    Leader *t3=new DeanLeader();

    t1->setNext(t2);
    t2->setNext(t3);

    //提交请求
    t1->handleRequest(2);
    t1->handleRequest(8);
    t1->handleRequest(18);
    delete t1;
    delete t2;
    delete t3;
}
```

结果显示：

> 班主任批准你请假：2 天
> 院长批准你请假：8 天
> 请假天数太多，直接休学吧！

5.5.6　小结

本节首先用一系列的实际案例说明责任链模式的应用场景；然后详细解释了什么是责任链模式、责任链模式的 UML 类图，以及 UML 类图中各个角色的主要作用；接着说明了使用责任链模式的优缺点，在实际开发中应当将它的缺点考虑进来；最后用小码路请假审批的实际案例，就思路形成、UML 类图设计、编程实现等多个步骤向读者展现了如何从零开始构造责任链模式的程序。

思而不罔

责任链上处理对象之间的层级关系能否用链表的形式实现？请具体编程说明。

能否像使用命令模式一样将本节案例中的各个处理对象设计在一个列表中？如果可以，请改写当前程序。

温故而知新

责任链模式将需求的处理传递给多个请求接收者，每个请求接收者履行自身的职责，当需求处理不在职责范围内时，则将需求处理传递给下一个请求接收者，直到完成需求处理。责任链模式的难点在于将这些请求接收者按照一定的级别顺序串联起来，如何设计这种串联顺序，以及怎样让这些请求接收者形成一条责任链，是开发者需要提前思考的问题。

软件开发者在进行程序设计时，经常会遇到条件判断极多的情况，如何处理众多条件判断，实现灵活性扩展呢？5.6 节的状态模式将带领读者解决复杂条件处理的问题。

5.6　状态模式——我的一整天

状态，顾名思义是一个人或事物可能存在的情况。例如，一个人在一天中处于睡眠、上班等状态，计算机处于开机、待机、关机等状态。每个时间段或特殊情况下，事物所处的状态不同，本节讲解的状态模式在处理同时存在多种状态的情况时会发挥至关重要的作用。

5.6.1　逻辑变对象

状态模式在面对众多不同的状态行为时，将这些状态行为封装成状态类对象，在程序运行时通过构造不同的状态类对象，使对象之间进行交互，实现不同的状态行为。状态模式实际上是在内部状态发生变化时，利用状态类对象改变行为的一种方式，下面分别用书面语和大白话讲解状态模式的基本理论。

（1）用书面语讲状态模式

在一个对象面对复杂状态选择，控制一个对象状态的条件表达式过于复杂的情况下，开发者可使用状态模式把不同判断逻辑下的状态选择独立封装成不同的状态类对象，具体状态类对象执行不同的状态行为，允许状态类对象在其内部状态变化时改变其行为。这样，状态模式不仅简化了复杂的状态条件判断，而且方便了具体状态发生变化后的扩展。

（2）用大白话讲状态模式

在软件设计中，开发者经常会遇到处理一个需求需要进行多分支判断的情况，例如，根据不同条件执行不同的行为。如何减少代码中的条件判断语句，使每种判断逻辑之间没有关联是开发者需要思考的问题。状态模式可以简化这种复杂的条件判断，将逻辑判断分别定义为一个状态类对象，面对不同的判断结果合理地管理这些对象，达到将不同的状态行为隔离，消除分支条件判断的目的。

什么情况下会用到状态模式呢？举例如下。

① 一个人一天不同时间段的状态：上午上班的状态、下午休息的状态、晚上睡觉的状态。

② 一台计算机的状态：不工作时关机的状态、工作时开机的状态、偶尔休眠的状态。

关键词：条件判断、封装、状态类对象。

5.6.2 角色扮演

5.6.1 小节说明了状态模式的核心是将不同逻辑下的状态行为封装成独立的状态类对象，因此，状态行为就由状态类对象决定，在实际应用中就可以根据状态改变状态行为。状态模式如何构造状态类对象，又如何在上下文环境中应用？这些关键点都体现在状态模式的 UML 类图中，如图 5-17 所示。

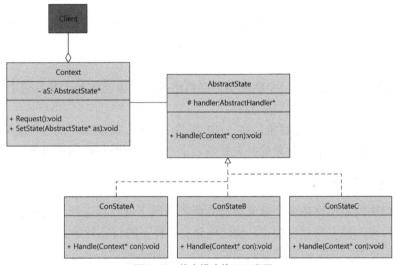

▲图 5-17　状态模式的 UML 类图

从图 5-17 中可以看出：状态模式定义了一个抽象状态类对象 AbstractState，这个抽象状态类对象派生出 3 个具体状态类对象，这些具体状态类对象就是对分支条件状态行为的封装，3个具体状态类对象可以看作 3 个 "if/else" 或 "switch/case" 下的行为方法，只不过在状态模式中被应用成了独立的对象。状态模式中还包含了上下文环境类 Context，这个上下文环境类维护一个抽象状态类对象。图 5-17 所示的状态模式的 UML 类图所包含的具体角色如下。

① 抽象状态类对象 AbstractState 和具体状态类对象 ConStateA、ConStateB、ConStateC：AbstractState 中定义一个抽象接口 Handle(Context* con)，用来封装不同的状态行为，具体状态类对象实现不同状态下的不同行为方法 Handle(Context* con)。

② 贯穿状态模式的上下文环境类 Context：该类拥有一个具体的状态类成员变量 AbstractState，通过 SetState(AbstractState* as)方法定义当前状态类对象所处的状态，实现一个用来在不满足当前条件的情况下，设置下一个状态或请求的 Request()方法。

③ 客户端 Client：构造②中的 Context 类，它是客户端 Client 调用的入口函数，状态模式

实现的所有关系都是通过上下文环境类串联起来的。

5.6.3 有利有弊

从 5.6.1 小节和 5.6.2 小节可知：状态模式显而易见的优点是消除了臃肿的分支条件判断，简化了逻辑判断，根据不同状态选择具体的行为方法，体现了程序设计中的多态特性。但是，状态模式消除条件的前提是用状态类对象替代分支条件判定，这就导致多个状态类对象的增加。状态模式的优点和缺点如下。

（1）优点

① 消除代码中大量与状态有关的逻辑判断，避免出现状态行为对 "if/else" 或者 "switch/case" 逻辑的依赖。

② 对具体状态行为的扩展更加方便，只需要添加一个具体状态类对象，提高了程序的灵活性和可维护性。

（2）缺点

① 将每个状态行为独立成一个状态类，必然造成类对象的增加，并且这个状态类对象可能只有单一的功能，因此会使代码变臃肿。

② 每增加一个具体状态类对象，在 5.6.2 小节中 UML 类图所示的上下文环境类 Context 中都要增加对这个新的状态类对象的补充处理，上下文环境类和状态类对象的关联性较强。

5.6.4 我的一整天实际问题

状态模式解决的是在存在多个分支条件判断的情况下进行状态行为选择的问题，状态模式将每个分支条件放入独立的状态类中，使这些分支条件下的状态行为相互独立、不可替换，通过封装这些状态行为，利用多态的方式消除过多 "if/else" 或 "switch/case" 等条件语句。小码路一天中每个时间段在做的事情正是状态模式应用的体现。

（1）主题——我的一整天

图 5-18 记录了小码路一整天的状态。

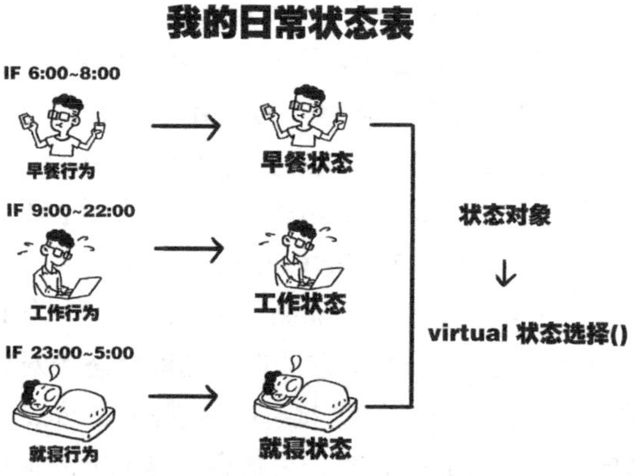

▲图 5-18　小码路一整天的状态

请用状态模式实现指定一个时间点可以判断此时小码路所处的状态。

（2）设计——状态类对象决定状态行为

假如不考虑用状态模式实现（1）中的要求，可以设计一个状态类，并且这个状态类中只包含一个行为方法，这个行为方法根据不同的时间段，通过"if/else"或者"switch/case"的方式，选择小码路不同的状态行为：上班、睡觉和吃饭。但是这样的设计造成了此状态类的庞大、行为方法的臃肿，并且很难扩展更多的状态行为。因此，考虑用状态模式来实现该案例，核心是将分支条件下的状态行为分别独立成状态类对象，封装行为方法，不同的状态有不同的实现。具体的实现步骤如下。

第一步：设计一个抽象状态类，这个抽象状态类派生出多个不同的具体状态类对象，它们正是"if/else"下分支条件选择的行为方法——上班状态类对象、睡觉状态类对象和吃饭状态类对象。

第二步：将小码路看作 5.6.2 小节中提到的状态模式中的上下文环境类，其中包含第一步中的具体状态类对象，维护一个状态类对象，决定不同的状态行为的选择。

第三步：客户端首先构造第二步中的上下文环境类，构造这个类的同时也将第一步中的具体状态类对象构造出来，通过不同的状态类对象，调用不同的状态行为。

结合 5.6.2 小节中状态模式的 UML 类图，以及以上设计步骤，用状态模式解决我的一整天实际问题的 UML 类图如图 5-19 所示。

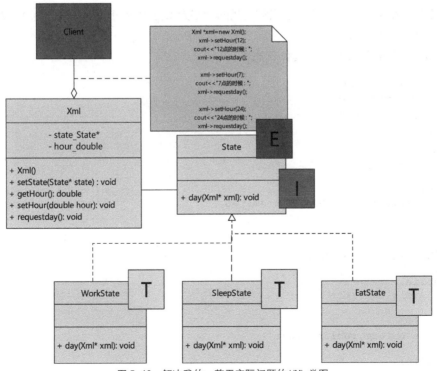

▲图 5-19　解决我的一整天实际问题的 UML 类图

图 5-19 中明确了状态模式中的各个具体状态类对象之间的关系，WorkState、SleepState 和 EatState 是互相平行、独立存在和不可替代的。通过上下文环境类 Xml 明确具体状态类对象 State，在运行中决定状态类对象，进而选择不同的状态行为。图 5-19 所示的 UML 类图详细展示了用状态模式解决我的一整天实际问题的设计细节，这些细节是 5.6.5 小节编程的关键，具体包括如下内容。

① 上下文环境类 Xml：维护一个具体状态类对象 State，在构造 Xml 对象的同时产生具体的 State 对象，setState(State* state)方法正是决定具体状态类对象的关键，setHour(double hour) 和 getHour()方法是小码路一天不同时间段状态行为的设计，requestday()方法是调用具体状态类对象行为方法的入口。

② 抽象状态类对象 State 和具体状态类对象 WorkState、SleepState、EatState：抽象状态类对象、抽象方法 day()与 3 个具体状态类对象分别构成 EIT 造型，不同的具体状态类对象有不同的行为方法 day(Xml* xml)。

③ 客户端 Client：构造①中的上下文环境类对象 Xml 的同时构造出②中的具体状态类对象，Xml 对象调用自身的 setHour(double hour)方法和 requestday()方法决定调用何种具体状态类对象的 day(Xml* xml)方法，完成状态模式的设计。

5.6.5　用状态模式解决问题

5.6.4 小节详细叙述了利用状态模式解决我的一整天实际问题的设计步骤和 UML 类图，下面是根据图 5-19 编程的结果。

第一步：声明抽象状态类和具体状态类。

```cpp
#include <iostream>
using namespace std;

//前置声明
class Xml;
//抽象状态类
class State
{
    public:
        virtual void day(Xml* xml)=0;
};

//上班状态类
class WorkState:public State
{
    public:
        void day(Xml* xml);
};
//睡觉状态类
class SleepState:public State
{
    public:
        void day(Xml* xml);
```

```cpp
};
//吃饭状态类
class EatState:public State
{
    public:
        void day(Xml* xml);
};
```

第二步：设计上下文环境类。

```cpp
//小码路
class Xml
{
    public:
    //构造自身的同时将状态类对象也构造出来
        Xml(){
            state_=new WorkState();
        }
        void setState(State* state)
        {
            state_=state;
        }
        double getHour()
        {
            return hour_;
        }
        void setHour(double hour)
        {
            hour_=hour;
        }
        void requestday()
        {
            state_->day(this);
        }
    private:
        State* state_;
        double hour_;
};
```

第三步：具体状态类方法的实现。

```cpp
//各个状态类方法的实现
void WorkState::day(Xml* xml)
{
    if(xml->getHour() >= 9 && xml->getHour()<= 22)
        cout<<"小码路在上班呀! "<<endl;
    else
    {
        xml->setState(new EatState());
        xml->requestday();
    }
}

void SleepState::day(Xml* xml)
{
    if(xml->getHour() >= 23 || xml->getHour()<=5)
```

```
                cout<<"小码路在睡觉呀! "<<endl;
        else
        {
            xml->setState(new EatState());
            xml->requestday();
        }
}

void EatState::day(Xml* xml)
{
    if(xml->getHour() >= 6 && xml->getHour()<=8)
        cout<<"小码路在吃饭呀! "<<endl;
    else if(xml->getHour() >= 23 ||  xml->getHour()<=5)
    {
        xml->setState(new SleepState());
        xml->requestday();
    }
    else
    {
        xml->setState(new WorkState());
        xml->requestday();
    }
}
```

第四步： 设计客户端。

```
#include "z.h"
int main()
{
    Xml *xml=new Xml();
    xml->setHour(12);
    cout<<"12 点的时候：  ";
    xml->requestday();

    xml->setHour(7);
    cout<<"7 点的时候：  ";
    xml->requestday();

    xml->setHour(24);
    cout<<"24 点的时候：  ";
    xml->requestday();


    delete xml;
}
```

结果显示：

```
12 点的时候：小码路在上班呀!
7 点的时候：小码路在吃饭呀!
24 点的时候：小码路在睡觉呀!
```

5.6.6 小结

本节首先解释了状态的概念，说明了不同的状态行为可以用状态类对象来体现；然后说明了什么是状态模式以及状态模式的主要组成角色——状态类对象和上下文环境类；接着列举了状态模式的优缺点；最后利用我的一整天实际案例，详细说明了状态模式的设计步骤，分析了状态模式的 UML 类图，并进行了状态模式的编程，该设计去除了条件判断，展现了状态模式的精髓。

思而不罔

若要在上述实际案例中额外增加一个"开会状态"，请把代码补充完整。

说出状态模式与策略模式的区别，并利用策略模式解决以上问题。

温故而知新

状态模式的精髓是用多态的方式代替程序中多个分支条件的判断语句，将逻辑选择下的行为方法封装成一个独立的状态类对象，由上下文环境类维护这样一个具体状态类对象，客户端在构造上下文环境类的同时，设置具体状态类对象，不同的状态类对象有不同的状态行为，它们的选择是在程序运行中决定的。因此，状态模式主要应用在程序运行中状态类对象改变，其相应行为也跟着改变的情景。

在软件开发中经常会遇到多团队合作开发的情况，每个团队维护自身独立的模块，那么该如何进行模块间的通信、解决模块间的耦合问题？5.7 节的观察者模式将给出答案。

5.7 观察者模式——"欢迎新同事"

提起观察者，读者可能会联想到这样一幅画面：A 关注着 B 的一言一行，并将观察到的信息传递给 C，C 接收 A 传递的信息并执行相应的动作。软件设计模式中的观察者模式应用在这样的场景中，可以被简单地理解为，观察者 A 发送主题 B 给订阅者 C，实现 3 个模块间的通信。本节将带领读者进一步熟悉这种消息传递的场景和过程。

5.7.1 观察者模式运作方式——一呼百应

大型项目需要进行跨团队合作开发，每个团队维护一个独立的模块，并且这些模块又是相互隔离、互不影响的，这时寻求一种方式进行模块间的通信至关重要。观察者模式的出现很好地解决了这类问题。观察者模式主要有两大角色：发布者和观察者。发布者又称为主题，观察者可以看作订阅者，发布者向观察者发布内容，并且发布者的更改可以自动通知到订阅者。下面分别用书面语和大白话讲解观察者模式的基本理论。

（1）用书面语讲观察者模式

观察者模式将发布者的更改或更新实时通知到观察者，发布者是唯一的，但观察者可以有多个。观察者模式定义了发布者与观察者之间一对多的依赖关系，当一个发布者的状态发生改变时，所有依赖于这个发布者的观察者都得到通知并做出相应更新。观察者模式封装了发布者的内容，与具体的观察者之间是一种松耦合关系，观察者的增加不会修改发布者，实现了模块间的解耦。

（2）用大白话讲观察者模式

在现实生活中，我们经常会遇到这样的场景：公众号消息更新后会推送给它所有的订阅者，邮件的通知会发送给这个邮件组的所有成员，股价的波动会展现在所有购买这只股票的股民眼前。这些场景都可以看作观察者模式在实际生活中的应用：把发出公众号消息、邮件通知和股价波动信息的人看作发布者；订阅者、邮件组成员和股票持有者可以看作具体的观察者。由一个发布者向多个观察者发送消息，当发布者信息发生变化时，多个观察者接收到的消息也随之改变，真正体现一对多的依赖关系。

什么情况下会用到观察者模式呢？举例如下。

① 信息类 App 推送新闻给订阅者：观察者实时接收新闻内容。

② 公司行政部门发送假期安排信息给员工：所有员工接收假期安排的信息。

关键词：一对多、依赖、松耦合。

5.7.2　角色扮演

5.7.1 小节详细说明了观察者模式的运作方式以及观察者模式的两大组成部分（发布者和观察者）。观察者模式应用在软件设计中时，为了方便扩展，首先考虑的是将发布者和观察者进行抽象化，随后派生出具体的发布者和观察者，最后通过发布者中的通知方法向各个具体的观察者发布信息。观察者模式的 UML 类图如图 5-20 所示。

从图 5-20 中可以看出：观察者模式的两大组成部分是抽象发布者类 Subject 和抽象观察者类 Observer。抽象观察者类 Observer 中维护一个具体发布者类（即具体主题对象）ConSubject，在发布者类 Subject 中可以进行增加、删除观察者的行为，并将所有的观察者记录在一个数据成员中，通过通知方法 Notify() 实现对观察者的信息传递。图 5-20 所示的观察者模式的 UML 类图所包含的具体角色如下。

① 抽象观察者类 Observer 和具体观察者类对象 ConObserverA、ConObserverB：Observer 中定义一个抽象方法 Update()，这个方法用来接收发布者传递的信息，然后将其更新到具体观察者类对象中，ConObserverA 中定义一个私有的具体发布者类对象 ConSubject，这个发布者类对象在构造 ConObserverA 的同时被创建出来，具体观察者类对象 ConObserverA 和 ConObserverB 实现抽象接口 Update()。

② 抽象发布者类 Subject 和具体发布者类 ConSubject：抽象发布者类中的 Notify() 方法用来将信息通知到各个具体观察者类对象中，并且抽象发布者类 Subject 可以随时通过

Add(Obsever* os)和 Delete(Obsever* os)方法增加和删除观察者类对象。

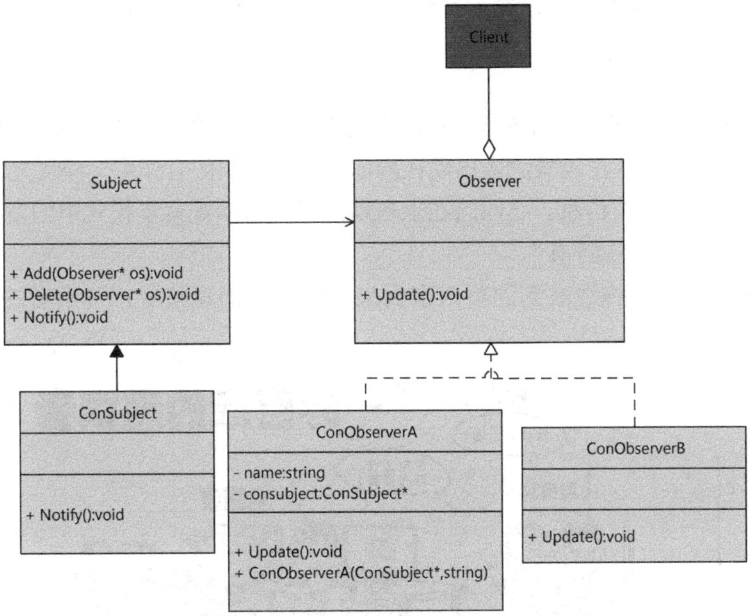

▲图 5-20　观察者模式的 UML 类图

③ 客户端 Client：首先构造②中的具体发布者类对象，其次通过发布者类对象中的增加或删除函数维护一个需要通知到的具体观察者类集合，最后发布者类对象调用②中的 Notify() 方法，完成具体观察者类集合里观察者类对象的 Update()方法。

5.7.3　有利有弊

5.7.1 小节和 5.7.2 小节明确了用观察者模式可以实现跨模块间的合作通信，并且观察者模式的两大组件——发布者和观察者之间是松耦合关系。之所以说是松耦合关系，是因为在增加具体观察者的同时不需要更改发布者，同样增加发布者的同时不用更改观察者方法。但是，由于观察者模式用于应对"一个发布者对应多个观察者"的情况，因此当被通知到的观察者对象发生异常时，后面的观察者同样会执行异常。观察者模式的具体的优点和缺点如下。

（1）优点

① 发布者与观察者之间解耦，各自的更新和实现不会相互干扰，两者间的依赖性小，增强了系统的可维护性。

② 发布者中包含增加和删除操作，可以随时更改观察者，并且在更新观察者时，不用修改发布者，增强了系统的灵活性。

（2）缺点

① 对于包含多个观察者的集合，发布者通知到观察者的顺序需要开发者事先约定，任何一个观察者崩溃，都会导致整个系统崩溃。

② 对于"一个发布者对应多个观察者"的系统，各个观察者的执行效率会影响整个系统的执行效率，所以若要保证系统性能，就必须控制好每个观察者的执行时间。

5.7.4 "欢迎新同事"问题

观察者模式常常应用在一个对象行为的改变需要更新到多个对象中的场景，通过发布者将内容更新到多个观察者中。这种场景大多出现在跨团队、多模块的合作中，模块之间的"沟通"通过观察者模式的发布者发布信息。小码路在上班期间经常扮演观察者模式中的发布者。

（1）主题——"欢迎新同事"

小码路作为发布者，将观察到的新同事到来的信息告知观察者，观察者的反应如图 5-21 所示。

▲图 5-21　观察者的反应

请用观察者模式实现小码路传递消息的过程。

（2）设计——观察新同事到来的动向

该案例可以归结为一句话：小码路观察新同事是否到来，将信息通知给所有同事。这正是观察者模式的典型应用场景，将小码路视为发布者，所有同事看作具体的观察者，一个发布者对应多个观察者，内容是"新同事来啦！"。于是，用观察者模式解决"欢迎新同事"实际问题的具体步骤如下。

第一步：小码路作为一个发布者，继承自一个抽象发布者类，这个抽象发布者类包含增加和删除具体观察者的方法，同时发布者定义向观察者发出通知的具体方法。

第二步：所有同事作为观察者，继承自一个抽象观察者类，实现抽象观察者类中的监听新同事到来的虚方法。

第三步：客户端通过第一步中具体发布者类构造第二步中的具体观察者集合，所有具体观察者确定后，具体发布者通过第一步中发出通知的具体方法向第二步中各个观察者传递"新同事来啦！"的信息。

结合 5.7.2 小节中观察者模式的 UML 类图，以及以上设计步骤，用观察者模式解决"欢迎新同事"实际问题的 UML 类图如图 5-22 所示。

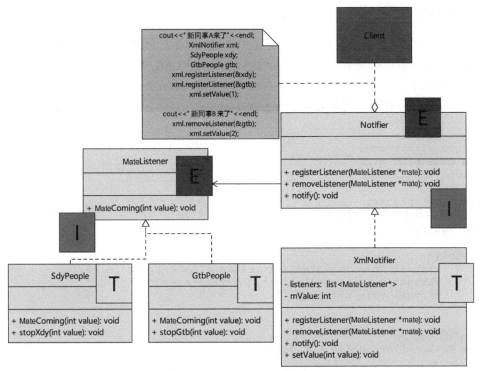

▲图 5-22　解决"欢迎新同事"实际问题的 UML 类图

图 5-22 中明确了观察者模式解决"欢迎新同事"问题的 UML 类图的主要组成部分：抽象发布者类对象 Notifier 和抽象观察者类对象 MateListener，一个具体发布者类对象 XmlNotifier 对应多个具体观察者类对象 SdyPeople 和 GtbPeople，通过发布者类对象中的具体方法 notify() 达到向各个观察者类对象类发送信息的目的。图 5-22 所示的 UML 类图详细展示了各个类对象中包含的具体方法和它们之间的关系，这是 5.7.5 小节编程的关键，具体包括如下内容。

① 抽象发布者类对象 Notifier 和具体发布者类对象 XmlNotifier：XmlNotifier 包含增加和删除观察者类对象的虚接口 registerListener(MateListener *mate)、removeListener(MateListener *mate)，notify()虚方法是发送通知的接口，这些接口与 Notifier 和 XmlNotifier 构成 EIT 造型。具体发布者类对象 XmlNotifier 中维护一个观察者类对象的集合 list<MateListener*>，这个集合包含所有需要通知到的观察者类对象。

② 抽象观察者类对象 MateListener 和具体观察者类对象 SdyPeople、GtbPeople：MateListener 中的 MateComing(int value)虚接口是监听新同事是否到来的方法，MateComing(int value)、MateListener 分别与 SdyPeople 和 GtbPeople 构成 EIT 造型，具体的实现放在派生类中。

③ 客户端 Client：首先将具体观察者类对象放置在集合 list<MateListener*>中，由发布者类对象的 notify()方法调用具体观察者类对象里的 MateComing(int value)方法，实现将一个通知传递给②中所有的观察者类对象。

5.7.5 用观察者模式解决问题

5.7.4 小节详细说明了用观察者模式解决"欢迎新同事"问题的具体步骤和编程细节，叙述了在以上情景中各个类对象之间的关系，图 5-22 所示的 UML 类图是本小节编程的主要参考，具体编程步骤如下。

第一步：设计发布者类对象和抽象观察者类对象。

```cpp
#pragma once
#include <iostream>
using namespace std;
#include <list>

class MateListener;
//将发布者的行为抽象为一个接口
class Notifier
{
    public:
        virtual void registerListener(MateListener *mate)=0;
        virtual void removeListener(MateListener *mate)=0;
        virtual void notify()=0;
};

//小码路作为发布者
class XmlNotifier:public Notifier
{
    public:
        void registerListener(MateListener *mate)
        {
            listeners.push_back(mate);
        }
        void removeListener(MateListener *mate)
        {
            list<MateListener*>::iterator it;
            for(it=listeners.begin();it!=listeners.end();it++)
            {
                if(*it--mate)
                {
                    listeners.remove(mate);
                    break;
                }
            }
        }
        void notify();
        void setValue(int value);
    private:
        list<MateListener*> listeners;
        int mValue;
};
```

第二步：设计观察者类对象。

```cpp
//定义一个监听新同事是否到来的对象
class MateListener
```

```
{
    public:
        virtual void MateComing(int value)=0;
};

//同事监听新同事是否到来的接口
class SdyPeople:public MateListener
{
    public:
        void MateComing(int value)
        {
            stopXdy(value);
        }
        void stopXdy(int value)
        {
            cout<<"大家停止工作，欢迎新同事！"<<value<<endl;
        }
};
class GtbPeople:public MateListener
{
    public:
        void MateComing(int value)
        {
            stopGtb(value);
        }
        void stopGtb(int value)
        {
            cout<<"大家停止工作，欢迎新同事！"<<value<<endl;
        }
};
```

第三步：具体观察者类方法的实现。

```
void XmlNotifier::notify()
{
    list<MateListener*>::iterator it;
    for(it=listeners.begin();it!=listeners.end();it++)
    {
        (*it)->MateComing(mValue);
    }
}
void XmlNotifier::setValue(int value)
{
    mValue=value;
    XmlNotifier::notify();
}
```

第四步：设计客户端。

```
#include "g.h"

int main()
{
```

```
        cout<<"新同事 A 来了"<<endl;
        XmlNotifier xml;
        SdyPeople xdy;
        GtbPeople gtb;
        xml.registerListener(&xdy);
        xml.registerListener(&gtb);
        xml.setValue(1);

        cout<<"新同事 B 来了"<<endl;
        xml.removeListener(&gtb);
        xml.setValue(2);
}
```

结果显示:

```
新同事 A 来了
大家停止工作, 欢迎新同事!
新同事 B 来了
大家停止工作, 欢迎新同事
```

5.7.6　小结

本节首先用由观察者这个词联想到的场景引出了观察者模式, 通过大白话和书面语说明了观察者模式的基本理论以及观察者模式的应用场景; 然后在观察者模式的 UML 类图中介绍了其主要组成部分及作用, 使读者理解如何设计一个观察者模式的程序; 接着说明了观察者模式的优点和缺点; 最后利用 "欢迎新同事" 案例详细说明了使用观察者模式解决问题的具体设计步骤、UML 类图中关键角色之间的联系等, 将观察者模式的设计细节展现在读者面前, 让读者明白如何从零设计一个观察者模式。

思而不罔

程序设计中何时使用类的前置声明? 类对象如何比较大小? 除了重载类对象, 本身可以直接比较吗?

观察者模式是 "抽象发布者" 依赖 "抽象观察者", 而不是依赖 "具体观察者", 体现了什么设计原则? 如果不存在 "抽象观察者" 接口, 观察者模式又该如何设计呢?

温故而知新

观察者模式应用在一个发布者对应多个观察者的场景, 运用依赖倒置原则的设计思路, 抽象发布者依赖抽象观察者, 实现发布者与具体观察者之间的解耦。具体观察者的数量可以实时增加或删除, 并且不依赖于发布者的修改。观察者模式使软件设计更加灵活, 但同时, 观察者模式中具体观察者数量剧增时,会影响系统整体的性能。因此,在软件设计中是否使用观察者模式需要开发者权衡利弊。

在软件设计中经常会遇到多个模块之间通信、互相引用的情形,这样一个模块的修改必然会影响其余模块,正所谓"牵一发而动全身",如何将这种"多对多"的关系转换成"一对多"的关系呢?下一节的中介者模式将进行详细说明。

5.8 中介者模式——驿站取快递

提起中介,读者再熟悉不过了:买房、租房需要房屋中介,相亲需要介绍人介绍,两人吵架需要第三方调解等。将中介者模式应用在这些生活场景中:房屋中介、介绍人和调解者称为中介者,中介者在主体与客体之间起到连接的作用,协调多个对象之间的沟通。本节讲解的中介者模式将很好地诠释中介者在主体与客体之间起到的关键作用。

5.8.1　交互的替身

中介者模式利用一个"桥梁"或者"第三者"使多个类对象相互引用,这个"桥梁"或"第三者"被称为中介者,中介者不属于多个类对象中的任何一方,多个类对象之间不需要直接通信,而是通过中介者达到多方联系的目的。下面分别用书面语和大白话说明中介者模式的基本理论。

(1)用书面语讲中介者模式

原本多个对象之间的相互引用称为"多对多"的关系,利用中介者封装原本一系列对象之间的交互,中介者对应多个交互对象称为"一对多"的关系,这样就将"多对多"的关系转换成"一对多"的关系,有利于软件系统的维护和修改。

(2)用大白话讲中介者模式

读者熟知的软件设计流程包括:提出需求、进行研发、进行相关功能测试、进行产品后期维护。当一个产品需求真正被提出,并准备研发时,各个模块的负责人都会站在自己的立场发表对产品的修改意见,这样很难形成共识。此时,如果出现一位中介者,产品上线与否与他的利益不相关,他不代表任何一方,权衡利弊后提出最终方案,最后让各个模块去执行,这样开发的效率会提高许多。中介者在其中起到至关重要的作用,它熟知各个模块以及其中的运作关系,仅仅利用自身与一系列对象进行交互,各个模块之间多对多的相互作用转换成中介者与各个模块一对多的相互作用,实现封装多模块,并且解耦多模块的彼此依赖关系。

什么情况下会用到中介者模式呢?举例如下。

① 房屋中介:房屋出售者将房子信息交给房屋中介,买房者只要和房屋中介商定看房时间、价格即可,不必与房屋出售者直接面对面交易。

② 快递驿站:快递员只需要将客户的快递放在快递驿站处,发个短信给客户,客户就可以根据信息取走快递。

关键词：多对多、解耦、一对多。

5.8.2　角色扮演

5.8.1 小节讲解了中介者模式的基本理论和实际应用场景，该模式的核心是将多个对象之间的依赖关系转为一个对象与多个对象的联系，其中的"一个对象"就称为中介者。在软件系统中往往各个对象之间相互联系、不可分离，一个对象的改动会影响其他对象，形成一个复杂的网状结构。中介者模式将这种网状结构的系统通过中介者进行拆解，将其余各个对象独立开来，分别与中介者进行联系，这样就形成了以中介者为中心的星形结构。中介者模式的 UML 类图如图 5-23 所示。

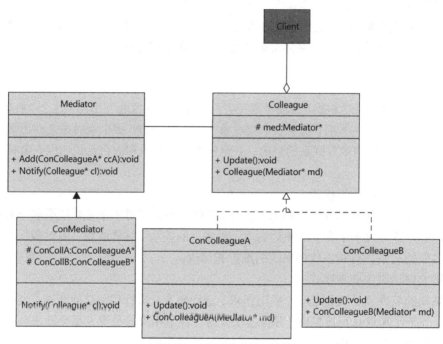

▲图 5-23　中介者模式的 UML 类图

从图 5-23 中可以看出：中介者模式的核心是抽象中介者类对象 Mediator，Mediator 定义了星形结构中各个具体同事类对象到中介者类对象的接口 Notify(Colleague* cl)，独立的具体同事类对象 ConColleagueA 和 ConColleagueB 之间没有任何直接联系，都是直接与具体中介者类对象 ConMediator 进行关联。中介者模式的 UML 类图与观察者模式的 UML 类图非常相似，中介者模式多出了具体中介者类对象 ConMediator 与具体同事类对象 ConColleagueA 和 ConColleagueB 的联系。图 5-23 所示的中介者模式的 UML 类图所包含的具体角色如下。

① 抽象中介者类 Mediator 和具体中介者类 ConMediator：Mediator 声明了②中同事类对象到中介者类对象的虚接口 Notify(Colleague* cl)，ConMediator 具体实现这个方法，并且

Mediator 可以利用 Add(ConColleagueA* ccA)方法随时增加②中的具体同事类对象，具体中介者类对象 ConMediator 需要连接所有的具体同事类对象，是中介者模式星形结构的核心。

② 抽象同事类对象 Colleague 和具体同事类对象 ConColleagueA、ConColleagueB：Colleague 在构造自身的同时构造出①中的抽象中介者类对象 Mediator，ConColleagueA 和 ConColleagueB 只需要关注各自的行为方法 Update()，而不用互相了解，但是都必须与①中的具体中介者类对象 ConMediator 建立联系，是中介者模式星形结构的具体个体。

③ 客户端 Client：首先构造①中的具体中介者类对象 ConMediator，通过构造②中的具体同事类对象 ConColleagueA 和 ConColleagueB 的方式使其分别与 ConMediator 建立联系，最后抽象中介者类对象调用 Notify(Colleague* cl)方法实现与具体中介者类对象 ConColleagueA 和 ConColleagueB 的间接通信。

5.8.3 有利有弊

中介者模式很好地诠释了迪米特法则：两个非直接关联的类对象通过"第三者"实现一个类调用另一个类中的方法，这个"第三者"在中介者模式中被称为中介者。中介者模式避免了软件系统中出现多个对象之间交互复杂的直接联系，减少了 5.8.2 小节中提到的具体同事类之间的耦合。但同时，由于具体同事类之间的联系转移到了中介者与各个同事类之间的联系，因此中介者类对象变得复杂，若具体同事类增多，具体中介者类对象也会相应增多。中介者模式的优点和缺点如下。

（1）优点

① 中介者类对象将各个具体同事类对象之间的交互进行封装，使各个具体同事类对象不直接相互联系，不再互相引用，而是在中介者内部实现，降低系统的耦合性。

② 中介者的加入使得软件系统复杂的网状结构变为星形结构，整个系统结构逻辑更加清晰，依赖性减弱，提高了系统的扩展性。

（2）缺点

① 中介者类对象连接了所有星形结构中的同事类对象，因此中介者类对象需要提前熟知各个同事类对象，熟知的过程需要开发者独立思考。

② 中介者类对象在星形结构中占据中心位置，控制了整个系统的交互逻辑，一旦中介者类对象出错，就会影响整个软件系统的正常运行。

5.8.4 驿站取快递实际问题

前文说到中介者模式为了避免具体同事类之间直接交互，利用中介者类对象进行具体同事类之间信息的转达，中介者类对象在整个软件系统中起到了集中控制的作用。中介者模式的实际应用场景很多，例如有人通过房屋中介租到房子，客户在快递柜取走快递等。小码路每次网购东西下单时，总会备注提醒快递员将东西放在就近的快递驿站，小码路与快递员之间没有直接联系。

（1）主题——驿站取快递

快递员白天将快递放入"取货柜中介者"，小码路晚上下班后将快递取走，如图 5-24 所示。

▲图 5-24　"取货柜中介者"

请用中介者模式实现小码路取快递的过程。

（2）设计——信息转达间接类

该案例可归结为一句话："取货柜中介者"实现小码路与快递员之间的通信。使用中介者模式解决以上问题，将快递驿站作为系统中心调度对象，具体同事类小码路和快递员都与快递驿站有直接联系，但两者并无关联。于是，使用中介者模式解决驿站取快递实际问题的具体步骤如下。

第一步：中介者是快递驿站，为方便驿站扩展，将其定义为抽象中介者，随着第二步中同事类的增加，可以派生出不同的具体中介者，该问题派生出一个具体中介者——"菜鸟驿站"。

第二步：快递员和客户（小码路）是具体同事类，两者继承自抽象同事类，并且都与第一步中的中介者有联系，两者分别接收中介者"菜鸟驿站"的信息并做出不同的反馈，达到快递员和客户通讨中介者进行交流的目的。

第三步：客户端在构造第一步中的具体中介者"菜鸟驿站"的同时，完成对第二步中快递员与客户的构造，并且"菜鸟驿站"分别与快递员和客户进行信息传递，作为中介者在快递员与客户之间进行信息转达。

结合 5.8.2 小节讲解的中介者模式的 UML 类图，以及以上设计步骤，用中介者模式解决驿站取快递实际问题的 UML 类图如图 5-25 所示。

图 5-25 中明确了用中介者模式解决驿站取快递问题的核心是抽象中介者类 YiZhan 的设计，整个软件系统中的具体中介者类 CaiNiaoYiZhan 实现具体同事类 KeHu 和 KuaiDiYuan 之间的信息转达。图 5-25 展示了整个程序设计中各个具体组成部分类的实现以及方法细节，是 5.8.5 小节编程的关键，具体包括如下内容。

① 抽象中介者类 YiZhan 和具体中介者类 CaiNiaoYiZhan：YiZhan 中定义的虚方法 Send(string &message, Person *person)、SetKuaiDiYuan(Person *kuaidiyuan)、SetKeHu(Person

*kehu)与 YiZhan 和 CaiNiaoYiZhan 构成 EIT 造型，CaiNiaoYiZhan 中维护两个具体同事类，YiZhan 通过 SetKuaiDiYuan(Person *kuaidiyuan)方法、SetKeHu(Person *kehu)方法分别与具体同事类建立联系，由 Send()方法向具体同事类发送消息。

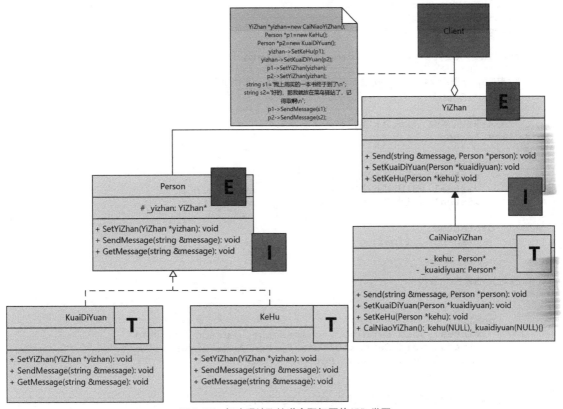

▲图 5-25　解决驿站取快递实际问题的 UML 类图

　　② 抽象同事类 Person 和具体同事类 KuaiDiYuan、KeHu：Person 中定义的虚方法 SetYiZhan(YiZhan *yizhan)、SendMessage(string &message)、GetMessage(string &message)与 Person 和具体同事类 KuaiDiYuan、KeHu 分别构成 EIT 造型，Person 中维护一个具体中介者类 YiZhan，在 SetYiZhan(YiZhan *yizhan)方法中确定具体中介者类对象，由 SendMessage(string &message)、GetMessage(string &message)方法分别与驿站进行信息传递。

　　③ 客户端 Client：构造①中的具体中介者类 CaiNiaoYiZhan，构造②中的具体同事类 KuaiDiYuan 和 KeHu，由①中的中介者类方法建立与同事类之间的联系，由②中的同事类方法完成与中介者之间的信息传递，最后通过中介者在中间调度对象实现在驿站取快递。

5.8.5　用中介者模式解决问题

　　5.8.4 小节详细介绍了用中介者模式解决驿站取快递实际问题的具体步骤和设计方法，

图 5-25 的 UML 类图展现了具体的类对象和类方法设计，根据以上设计步骤和思路实现的代码如下。

第一步：设计抽象中介者类、具体中介者类和抽象同事类。

```cpp
#include <iostream>
#include <string>
using namespace std;

#define Delete(person) if(person){delete person; person=NULL;}

//声明中介者类 YiZhan，快递员把快递放到驿站，客户去取
class YiZhan;

//定义抽象同事类，快递员和客户都是它的派生类
class Person
{
    public:
        virtual void SetYiZhan(YiZhan *yizhan){}
        virtual void SendMessage(string &message){}
        virtual void GetMessage(string &message){}

    protected:
        YiZhan *_yizhan;
};

//定义抽象中介者类
class YiZhan
{
    public:
        virtual void Send(string &message, Person *person){}
        virtual void SetKuaiDiYuan(Person *kuaidiyuan){}
        virtual void SetKeHu(Person *kehu){}
};

//定义具体中介者类：菜鸟驿站类 CaiNiaoYiZhan
class CaiNiaoYiZhan:public YiZhan
{
  public:
        CaiNiaoYiZhan():_kehu(NULL),_kuaidiyuan(NULL){}
        void SetKeHu(Person *kehu){
            _kehu=kehu;
        }
        void SetKuaiDiYuan(Person *kuaidiyuan){
            _kuaidiyuan = kuaidiyuan;
        }
        void Send(string &message, Person *person){
            if(person == _kehu)
                _kuaidiyuan->GetMessage(message);
            else
                _kehu->GetMessage(message);
        }
  private:
        Person *_kehu;
        Person *_kuaidiyuan;
};
```

第二步：客户和快递员向中介者发送信息。

```cpp
//定义快递员类
class KuaiDiYuan:public Person
{
    public:
        void SetYiZhan(YiZhan *yizhan){
            _yizhan = yizhan;
        }
        void SendMessage(string &message){
            _yizhan->Send(message,this);
        }
        void GetMessage(string &message){
            cout<<"客户收到快递员发来"快递已经到达，请取件"的消息"<<endl;
            cout<<message;
        }
};

//定义客户类
class KeHu:public Person
{
    public:
        void SetYiZhan(YiZhan *yizhan){_yizhan = yizhan;}
        void SendMessage(string &message){
            _yizhan->Send(message,this);
        }
        void GetMessage(string &message){
            cout<<"快递员收到客户的回信，"知道了，放在驿站吧""<<endl;
            cout<<message;
        }
};
```

第三步：客户、驿站和快递员的关系串联。

```cpp
int main()
{
    YiZhan *yizhan=new CaiNiaoYiZhan();
    Person *p1=new KeHu();
    Person *p2=new KuaiDiYuan();
    yizhan->SetKeHu(p1);
    yizhan->SetKuaiDiYuan(p2);
    p1->SetYiZhan(yizhan);
    p2->SetYiZhan(yizhan);
    string s1="我上周买的一本书终于到了 \n";
    string s2="好的，那我就放在菜鸟驿站了，记得取啊\n";
    p1->SendMessage(s1);
    p2->SendMessage(s2);
    Delete(p1);
    Delete(p2);
    Delete(yizhan);
}
```

结果显示：

客户收到快递员发来"快递已经到达，请取件"的消息
我上周买的一本书终于到了
快递员收到客户的回信，"知道了，放在驿站吧"
好的，那我就放在菜鸟驿站了，记得取啊

5.8.6 小结

本节首先讲解了中介者模式的基本概念，将复杂多样的多对多的网状系统转变成简洁明了的一对多的星形系统是中介者模式的核心思想；然后介绍了中介者模式的主要组成部分和每个组成对象的作用，列举了中介者模式的优缺点；接着用驿站取快递实际案例详细阐述了如何一步步实现中介者模式的设计与编程，其 UML 类图在编程时起到了关键作用。读者应该明白：中介者无处不在，何时使用中介者模式进行软件开发是程序员需要思考的问题。

思而不罔

程序设计类构造中初始化列表一般会进行哪些参数的初始化？在初始化列表中被初始化后的参数何时会被再次改变？

中介者模式体现了中介者在同事类之间的作用，该设计模式与观察者模式、代理者模式分别有什么区别？

温故而知新

中介者模式利用中介者使原本两个直接通信的对象，变成分别与中介者通信，最后由中介者进行信息转达，这样操作可以将软件系统中众多直接联系的对象解耦，解耦之后的对象只需要"认识"中介者，方便了代码后续的修改和扩展。但同时读者也应该明白，需要间接联系的对象越多，中介者承担的责任越大，设计出合理的、不易出错的中介者是对开发者的一大考验。

软件设计中有时候会遇到固定的对象结构，例如，一天分为上午和下午，上午和下午做的事情又不相同，该如何处理这种固定对象结构下不同的行为呢？5.9 节的访问者模式将带领读者学习新的方案。

5.9 访问者模式——手机耗电快

访问这个词意味着一个对象访问另外一个对象，前者称为访问者，后者称为被访问者。在软件设计中，如遇到多个访问者去访问同一个被访问者的情况，并且多个访问者关注被访问者不同的行为，在不增加新的操作的前提下如何扩展更多访问者呢？本节将要讲解的访问者模式会给出答案。

5.9.1 固定结构下的技巧

访问者模式针对固定访问者结构，在不改变该访问者的前提下，增加访问者新方法去访问被访问者。下面分别用书面语和大白话具体说明访问者模式的基本理论。

（1）用书面语讲访问者模式

在软件设计中如遇到数据结构（在访问者模式里指访问者）里元素较多，即访问者较多的情况，将每个访问者分离封装成独立的类对象，并且保证在不改变整个数据结构的情况下，可以添加应用在自身元素上的新方法，实现数据结构中每个元素的多种访问方式。访问者模式的核心思想是将访问者抽象成一个接口，不同的访问者有不同的处理方式，实现不同的操作方法。

（2）用大白话讲访问者模式

在软件设计中访问者模式应用的场景较少，因为大多数开发需求和数据结构不是一成不变的，如遇到对象结构类型固定的场景（人类分为男人和女人，公司职级固定为工程师、总监、经理 3 级），且后续不会再发生变更，此时可以考虑使用访问者模式。访问者模式定义一个接口方法，并且接口类中的具体元素个数稳定不变，增加新的操作意味着增加一个新的具体访问者，这个访问者可以实现原来访问者的接口方法，客户端通过调用不同的访问者操控不同的访问方法。

什么情况下会用到访问者模式呢？举例如下。

公司里只有 CEO 和 CTO 两大高层管理者：CEO 负责产品，CTO 负责技术。

关键词：数据结构、稳定、接口。

5.9.2 角色扮演

访问者模式的核心是抽离访问者类对象结构，这种对象结构相对稳定；将作用于访问者类对象结构的操作方法分离出来，独立于访问者类对象，这样分离出的操作方法可以任意改变，不依赖于某个具体的访问者。访问者模式的 UML 类图如图 5-26 所示。

从图 5-26 中可以看出：访问者模式由两大核心——抽象访问者类对象 AbstractVisitor 和抽象操作类对象 AbstractElement 组成，原本依赖于访问者类对象的操作方法，此时从访问者类对象里独立出来，实现访问者类对象与操作方法的解耦。抽象操作类 AbstractElement 实现一个 Accept(AbstractVisitor* av)方法，用来接收具体访问者类对象的访问，同时具体访问者类对象实现 VisitConVisitorA(ConElementA* ceA)和 VisitConVisitorB (ConElementB* ceB)方法，用来对具体操作类对象进行不同的处理。同时，两大核心集中在一个外部类 ObjectStructure 中。图 5-26 所示的访问者模式的 UML 类图所包含的具体角色如下。

① 抽象访问者类对象 AbstractVisitor 和具体访问者类对象 ConVisitorA、ConVisitorB：AbstractVisitor 给②中的具体操作类 ConElementA 和 ConElementB 分别声明一个接口方法 VisitConVisitorA(ConElementA* ceA)和 VisitConVisitorB(ConElementB* ceB)，接口方法个数与具体操作类个数相同，这就要求②中具体操作类个数相对稳定，具体的实现由具体访问者类对象

ConVisitorA 和 ConVisitorB 来完成。

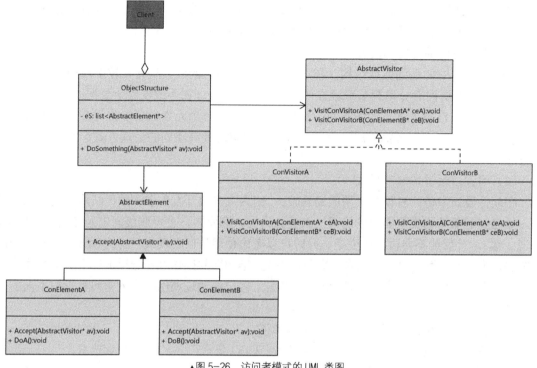

▲图 5-26　访问者模式的 UML 类图

　　② 抽象操作类 AbstractElement 和具体操作类对象 ConElementA、ConElementB：AbstractElement 声明一个接收①中访问者类对象的接口方法 Accept(AbstractVisitor* av)，ConElementA 和 ConElementB 实现各自具体的 Accept(AbstractVisitor* av)方法，并且各自完成自身的操作处理方法 DoA()和 DoB()。

　　③ 外部类 ObjectStructure：定义一个封装②中的具体操作类对象的方法的 list<AbstractElement*>，并且通过 DoSomething()方法传递①中的 AbstractVisitor，循环遍历 list<AbstractElement*>中的元素，控制不同具体操作类对象的 Accept()方法，供①中的访问者访问。

　　④ 客户端 Client：构造③中的 ObjectStructure，调用 DoSomething (AbstractVisitor* av)方法，传入具体的访问者对象，完成整个访问。

5.9.3　有利有弊

　　图 5-26 中描述了访问者模式的两大组件：访问者类对象和操作者类对象，两者是分离、互不干扰的。因此，可以在不修改原有对象结构的情况下，为对象结构增加新的元素或功能，但同时访问者模式中的具体元素对访问者类对象公布了细节，破坏了对象的封装性。因此，访问者模式有利有弊，它的优点和缺点如下。

（1）优点

① 访问者和操作方法解耦，扩展操作方法更加便利。

② 避免访问者拥有多个操作方法，从而引入过多的逻辑判断。

（2）缺点

① 要求相对稳定的对象结构，对象结构一旦变化，必然引起整个框架的变动。

② 具体的访问者操作具体的方法，使得系统依赖具体，而不是依赖抽象，违背了依赖倒置原则。

5.9.4　手机耗电快实际问题

访问者模式在本章所描述的行为型设计模式中是最复杂，但使用频率不高的一种软件设计模式，该模式主要应用在对象结构足够稳定的情况下（这里的对象是上文提到的操作方法对象），一旦对象结构发生变化，访问者及类实现方法也将随之改变。小码路买的一部手机最近出了问题，准备拿去检修，在这个过程中恰巧应用了访问者模式。

（1）主题——手机耗电快

手机耗电的三大固定检修单元是处理器、相机、视频，小码路去找售后人员查明原因，结构固定的访问者模式如图 5-27 所示。

▲图 5-27　结构固定的访问者模式

请用访问者模式实现手机检修过程。

（2）设计——消除逻辑判断

如果不考虑使用访问者模式解决手机耗电快实际问题，则可以设计唯一类，并且在这个类中设计一个 visit() 方法，visit() 方法对不同的检修人员（小明或者红红）进行判断，然后分别进行处理器、相机和视频的相应处理，这就需要使用"if/else"或者"switch/case"的逻辑判断，当检修人员增多时，这个类就会变得异常庞大，难以维护和扩展。此时，若使用访问者模式解决以上问题，就可以将检修人员小明和红红当作具体的访问者，将处理器、相机和视频当作相应的操作方法，当后者稳定不变时，增加访问者只需要增加一个类似于小明或红红的类。使用访问者模式解决手机耗电快实际问题的具体步骤如下。

第一步：抽象出操作方法模块对象，处理器、相机和视频检验是具体的操作方法，每一种操作方法都有其独特的处理方式，可以被第二步中的访问者随时控制、访问。

第二步：设计一个抽象访问者，检修人员小明和红红是具体的访问者，对第一步中的操作方法模块进行单独访问，通过同一个方法 visit() 带入不同的操作方法，对不同的元素进行相应处理。

第三步：用一个对外的结构对象保存第一步中的 3 个具体的操作方法模块，并提供一个 accept() 方法，用来循环遍历这个结构对象。

第四步：客户端通过构造第一步中的具体操作方法，由第三步中类对象的构造函数构造出第三步中的对象结构，并且构造第二步中的具体访问者，经 accept() 方法带入不同的访问者，使操作方法变得灵活高效。

结合 5.9.2 小节讲解的访问者模式的 UML 类图，以及以上具体的设计步骤，使用访问者模式解决手机耗电快实际问题的 UML 类图如图 5-28 所示。

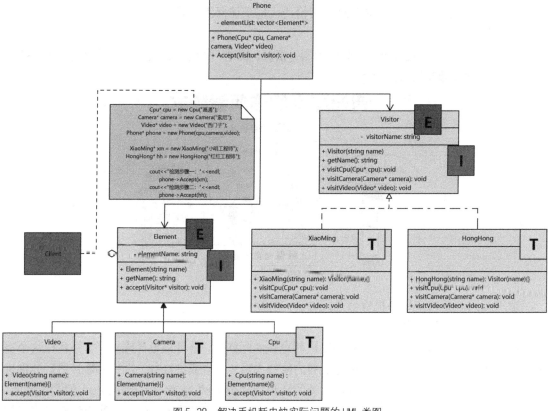

▲图 5-28　解决手机耗电快实际问题的 UML 类图

图 5-28 中明确了抽象访问者类对象 Visitor 和抽象操作方法类对象 Element 之间的关系，处理器类 Cpu、相机类 Camera 和视频类 Video 是具体操作方法类对象，并且三者组成稳定的

系统结构，不会再增加或减少对象结构，这也是应用访问者模式的根基。具体访问者类对象 XiaoMing 和 HongHong 负责具体的操作方法，这些都通过一个对外的对象结构 Phone 完成。图 5-28 展示了访问者模式实现的具体细节以及各对象之间的对应关系，是 5.9.5 小节编程的关键，具体包括如下内容。

① 抽象操作方法类 Element 和具体操作方法类对象 Video、Camera、Cpu：Element 定义一个接口方法 accept(Visitor* visitor)，用来接收②中抽象访问者类 Visitor 的访问，Element、接口方法与具体操作方法类对象 Video、Camera、Cpu 分别构成 EIT 造型，accept(Visitor* visitor) 的具体实现在派生类中，3 个具体操作方法对象足够稳定。

② 抽象访问者类 Visitor 和具体访问者类对象 XiaoMing、HongHong：Visitor 中定义①中的抽象操作方法类的抽象访问接口 visitCpu(Cpu* cpu)、visitCamera(Camera* camera)、visitVideo(Video* video)，其分别与具体访问者类对象 XiaoMing、HongHong 构成 EIT 造型，接口方法由派生类具体实现。

③ 对外结构对象 Phone：这个结构对象维护①中所有具体操作方法类对象的 vector 集合，通过 Accept(Visitor* visitor)方法为②中的 Visitor 设计一个访问接口，遍历所有的 vector 中的对象，调用各自具体的 accept(Visitor* visitor)方法，完成接收访问者访问的功能。

④ 客户端 Client：首先构造①中的具体操作方法类对象，通过③中 Phone 的构造函数完成初始化，接着构造②中的具体访问者类对象 XiaoMing 和 HongHong，Phone 调用自身的 Accept(Visitor* visitor)方法，带入不同的具体访问者类对象，完成对象的访问。

5.9.5　用访问者模式解决问题

5.9.4 小节详细说明了使用访问者模式解决手机耗电快实际问题的具体步骤和设计方法，编程细节也展现在了图 5-28 所示的 UML 类图中，下面是根据 5.9.4 小节的设计思路完成的代码。

第一步：设计抽象访问者类。

```cpp
#include <iostream>
#include <string>
#include <vector>

using namespace std;

class Phone;
class Cpu;
class Camera;
class Video;

//抽象访问者类
class Visitor
{
    public:
        Visitor(string name)
        {
```

```
                    visitorName = name;
            }
        virtual void visitCpu(Cpu* cpu) =0;
        virtual void visitCamera(Camera* camera) = 0;
        virtual void visitVideo(Video* video) = 0;

        string getName()
        {
            return this->visitorName;
        }
    private:
        string visitorName;
};
```

第二步：设计抽象操作方法类和 3 个具体操作方法类。

```
//抽象操作方法类
class Element
{
    public:
        Element(string name)
        {
            elementName = name;
        }
        virtual void accept(Visitor* visitor) = 0;

        virtual string getName()
        {
            return this->elementName;
        }
    private:
        string elementName;
};

//具体操作方法类
class Cpu:public Element
{
    public:
        Cpu(string name) : Element(name){}

        void accept(Visitor* visitor)
        {
            visitor->visitCpu(this);
        }
};

class Camera: public Element
{
    public:
        Camera(string name): Element(name){}

        void accept(Visitor* visitor)
        {
            visitor->visitCamera(this);
        }
};
```

```cpp
class Video: public Element
{
    public:
        Video(string name): Element(name){}

        void accept(Visitor* visitor)
        {
            visitor->visitVideo(this);
        }
};
```

第三步：具体访问者类对象对 3 个具体操作方法类对象进行访问。

```cpp
//具体访问者类对象
class XiaoMing: public Visitor
{
    public:
        XiaoMing(string name): Visitor(name){}

        void visitCpu(Cpu* cpu)
        {
            cout<<Visitor::getName()<<" 正在检测 Cpu "<<cpu->getName()<<endl;
        }
        void visitCamera(Camera* camera)
        {
            cout<<Visitor::getName()<<" 正在检测 Camera "<<camera->getName()
            <<endl;
        }
        void visitVideo(Video* video)
        {
            cout<<Visitor::getName()<<" 正在检测 Video "<<video->getName()
            <<endl;
        }
};

class HongHong: public Visitor
{
    public:
        HongHong(string name): Visitor(name){}

        void visitCpu(Cpu* cpu)
        {
            cout<<Visitor::getName()<<" 正在检测 Cpu "<<cpu->getName()<<endl;
        }
        void visitCamera(Camera* camera)
        {
            cout<<Visitor::getName()<<" 正在检测 Camera "<<camera->getName()
            <<endl;
        }
        void visitVideo(Video* video)
        {
            cout<<Visitor::getName()<<" 正在检测 Video "<<video->getName()
            <<endl;
        }
};
```

第四步：对外结构对象存储 3 个具体操作方法类对象，并依次调用具体访问者类对象的操作方法。

```cpp
//对外结构对象
class Phone
{
    public:
        Phone(Cpu* cpu, Camera* camera, Video* video)
        {
            elementList.push_back(cpu);
            elementList.push_back(camera);
            elementList.push_back(video);
        }

        void Accept(Visitor* visitor)
        {
            for(vector<Element*>::iterator i = elementList.begin(); i !=
            elementList.end() ; i++)
            {
                (*i)->accept(visitor);
            }
        }
    private:
        vector<Element*> elementList;
};
```

第五步：检测手机。

```cpp
int main()
{
    Cpu* cpu = new Cpu("高通");
    Camera* camera = new Camera("索尼");
    Video* video = new Video("西门子");
    Phone* phone = new Phone(cpu,camera,video);

    XiaoMing* xm = new XiaoMing("小明工程师");
    HongHong* hh = new HongHong("红红工程师");

    cout<<"检测步骤一：  "<<endl;
    phone->Accept(xm);
    cout<<"检测步骤二：  "<<endl;
    phone->Accept(hh);
    delete cpu;
    delete camera;
    delete video;
    delete phone;
    delete xm;
    delete hh;
}
```

结果显示：

检测步骤一：
小明工程师 正在检测 Cpu 高通
小明工程师 正在检测 Camera 索尼

> 小明工程师 正在检测 Video 西门子
> 检测步骤二：
> 红红工程师 正在检测 Cpu 高通
> 红红工程师 正在检测 Camera 索尼
> 红红工程师 正在检测 Video 西门子

5.9.6　小结

本节首先讲述了访问者模式的基本理论，由具体的场景应用说明访问者模式应用的前提是对象结构相对稳定；然后用 UML 类图详细解释了访问者模式的各个组成部分以及各部分之间的关系，帮助读者进一步理解访问者模式；接着说明了访问者模式的最大优点是增加新的访问者非常容易，但同时也说明了访问者模式会增加代码的复杂度；最后利用手机耗电快实际问题，阐述了使用访问者模式的具体设计步骤和详细编程流程。访问者模式何时应用在软件设计中是程序员需要思考的问题。

思而不罔

程序设计中派生类函数构造自身的同时也构造了基类的构造函数，构造和析构的执行顺序是怎样的？类对象作为形参是怎样实现不同类对象之间的调用的？

访问者模式与依赖倒置原则的矛盾性体现在哪里？本节的实际问题如果不使用访问者模式，还可以用什么方法进行解决？

温故而知新

访问者模式集中应用于软件系统结构相对稳定的场景，而系统结构相对稳定的情况在实际开发中又不常见，因此访问者模式很少被使用，但是一旦在程序设计中遇到此类场景，访问者模式又可以使开发效率加倍。访问者模式下，在保持被访问者固定的前提下，新增访问者是很容易的，这也是应用访问者模式最突出的特点。

在软件设计中，开发者难免会遇到在更改某些系统数据之后，在某个时刻想将其恢复至之前的状态的情况，此时不必从头开始执行程序，利用一种设计模式记录系统数据更改之前的状态，需要的时候将其取出即可。5.10 节将带领读者探索这种设计模式在实际开发中的应用。

5.10　备忘录模式——面试的公司多

提起备忘录这个名词，读者可能首先想到的是手机里的备忘录，它的作用是记录之前发生的事或将要做的事情。本章讲解的行为型设计模式中的最后一个软件设计模式就是备忘录模式，该模式应用在软件设计中时，发挥着记录对象内部的状态，方便后续恢复此状态的作用。

5.10.1　好记性不如烂笔头

备忘录模式发挥着"大脑记忆"的功能，对已经存在的数据或状态提前进行存储，内容缓存在特定的缓存器中，待将来某个时刻需要这些数据或状态时，恢复当初的数据和状态。因此，备忘录模式常常应用于需要随时恢复先前状态的场景。下面分别用书面语和大白话讲解备忘录模式的基本理论。

（1）用书面语讲备忘录模式

备忘录用来保存一个对象当前的状态，记录该对象当前状态的各类参数，并且该对象不能被创建备忘录实例之外的对象访问，隐藏备忘录内部的实现，保证备忘录内的状态不被改变。这样操作之后，当需要恢复该对象的当前状态时，通过一个中间对象就可以直接访问它的内部状态，恢复该对象此时需要的状态。

（2）用大白话讲备忘录模式

程序员在开发需求的过程中，有时会遇到程序执行到 1/2 时，突然想将这些对象参数恢复到程序执行到 1/4 时的状态的情况，此时，程序需要存有该对象在 1/4 时刻的数据或状态，在不破坏程序封闭性的前提下，程序员可随时记录并且恢复该对象的内部状态。

什么情况下会用到备忘录模式呢？举例如下。

游戏通过战斗力表示一个角色的生命周期，当角色的战斗力降为零时，战斗力又会恢复为满格状态，角色在上次结束处重新进入游戏。

关键词：中间对象、保存、恢复。

5.10.2　角色扮演

备忘录模式必然少不了备忘录对象，创建备忘录类的对象实例称为发起人对象，存储备忘录的对象实例称为操作者对象。发起人对象创建一个备忘录对象，备忘录对象负责存储发起人对象的内部状态和参数；操作者对象保存备忘录对象，但是不能对备忘录对象存储的内容进行修改或访问。发起人对象、备忘录对象、操作者对象三者之间的关系具体体现在备忘录模式的UML 类图中，如图 5-29 所示。

从图 5-29 中可以看出：备忘录模式中的三大核心组成部分是备忘录对象 Memento、发起人对象 Originator、操作者对象 Caretaker，三者之间的关系是 Memento 用来记录当前程序的状态 state；Originator 构造 Memento 对象，恢复当前 Memento 的状态 state；Caretaker 存储 Memento，获取当前 Memento 对象进行参数的传递，却不能更改或操作 Memento。图 5-29 所示的备忘录模式的 UML 类图所包含的具体角色如下。

① 备忘录对象 Memento：仅仅用来存储②中发起人对象 Originator 的内部状态，在构造方法 Memento(string state)中将相关状态 state 进行保存，该类没有任何实际操作方法，并且 Originator 以外的对象不可访问备忘录对象 Memento。

② 发起人对象 Originator：通过类成员方法 CreateMemento()创建一个①中的备忘录对象 Memento，通过类成员方法 RestoreMemento(Memento* mm) 记录自身当前的状态 state，最终

由自身的类成员方法 Show()恢复当前状态。

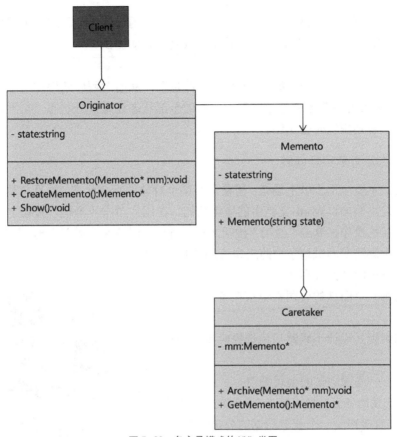

▲图 5-29 备忘录模式的 UML 类图

③ 操作者对象 Caretaker：负责管理①中的备忘录对象 Memento，Archive(Memento* mm) 方法用来 set 备忘录对象 Memento，GetMemento()用来 get 备忘录对象 Memento，但是不能对 备忘录对象 Memento 进行任何修改。

④ 客户端 Client：构造发起人对象 Originator，并设置其初始状态为"aa"，操作者对象 Caretaker 通过 GetMemento()方法接收当前的备忘录对象 Memento，同时隐藏 Originator 的实 现细节，此时更改 Originator 的状态为"bb"，由 RestoreMemento(Memento* mm)方法记录， 并恢复为原始状态"aa"。

5.10.3 有利有弊

备忘录模式将暴露给客户端的实现细节封装在备忘录对象中，简化了客户端调用的程序， 随时记录发起人的状态，并且可以根据状态的需要及时恢复原来的状态，实现一种"撤销"功 能。但是，备忘录对象的"保存"工作会占用资源和内存，"保存"的对象或成员变量越多，资源消耗越多。备忘录模式的优点和缺点如下。

（1）优点

① 简化客户端程序：程序实现细节对客户端隐藏，用户仅关注状态，不用关注细节。

② 程序可以保存发起人对象的状态并随时恢复，方便调试。

（2）缺点

① 备忘录对象存储的数据越多，消耗的资源越多，从而对程序的性能产生一定的影响。

② 备忘录对象需要考虑是保存发起人对象的全部状态还是部分状态，需要保存的状态不能增多或减少，否则恢复时会出错。

5.10.4　面试的公司多实际问题

备忘录模式主要应用于以下场景：需要保存某个对象的当前状态，并且在某个时刻需要将其状态进行恢复。例如，Word 文档中的撤销功能，在用户单击"撤销"按钮之前，文档会提前记录用户之前的操作，单击"撤销"按钮之后，可以随时恢复之前任意时刻的操作，不至于使文档丢失。小码路在面试这条道路上也应用了备忘录模式。

（1）主题——面试的公司多

小码路将每一个面试的公司都记录在备忘录里，如图 5-30 所示。

请用备忘录模式设计小码路后悔选择时重新选择公司的过程。

（2）设计——隐藏面试的公司细节

如果不考虑使用备忘录模式解决"面试的公司多"实际问题，可以直接声明一个获取面试的公司的接口，接口方法中包含了面试的公司的细节，这个接口可以使小码路或者其他对象直接调用当前的面试的公司。这样设计破坏了面试的公司的封装性，暴露了太多的

▲图 5-30　面试备忘录

细节，并且面试的公司只希望小码路进行访问的功能也无法实现。因此，考虑用备忘录模式解决以上问题，在不破坏系统封装性的前提下，保存小码路的面试的公司并随时恢复面试的公司。具体的设计步骤如下。

第一步：将面试的公司保存在备忘录里，在构造备忘录对象的同时给面试的公司赋初值，并且自身可以随时设定和获取面试的公司。

第二步：发起人小码路将面试过的公司存储在第一步中的备忘录里，根据当前面试的感受决定备忘录中存储的公司，在后悔时恢复之前记录里中意的面试的公司即可。

第三步：操作者定义第一步中的备忘录数组，负责存储第一步中的备忘录对象，可以设定和获取第一步中的对象，但不可修改。

第四步：为更进一步简化客户端的操作，设计一个综合管理类，在构造自身的同时构造出

第二步中的发起人对象和第三步中的操作者对象，同时约定面试结果规则，设定一个标识 mask，用来表示小码路对该公司的态度。

结合 5.10.2 小节讲解的备忘录模式的 UML 类图，以及以上设计思路，使用备忘录模式解决"面试的公司多"实际问题的 UML 类图如图 5-31 所示。

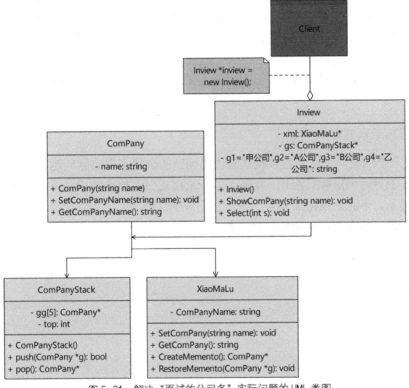

▲图 5-31 解决"面试的公司多"实际问题的 UML 类图

图 5-31 中明确了备忘录模式的三大核心组成部分：备忘录对象 ComPany 用来记录发起人对象 XiaoMaLu 的状态，操作者对象 ComPanyStack 保存了 ComPany 对象的数组。为简化客户端 Client 的操作，设计了一个综合管理类 Inview，小码路进行面试以及重新选择面试的公司等均在 Inview 中完成，任何细节都不暴露给客户端 Client。图 5-31 展示了使用备忘录模式解决实际问题的具体细节以及编程的关键函数，在 5.10.5 节的编程中可发挥重要作用，主要包括如下内容。

① 备忘录对象 ComPany：此对象中是小码路进行面试的公司，在构造方法 ComPany(string name) 中声明公司的名称，并且可以通过类成员方法 SetComPanyName(string name) 和 GetComPanyName() 来设定和获取当前面试的公司的名称。

② 发起人对象 XiaoMaLu：小码路是面试的发起者，类成员变量 ComPanyName 用来记录当前面试的公司的名称，也可通过 SetComPany(string name) 和 GetComPany() 方法设定和获取公

司名称，同时通过 CreateMemento()方法创建①中的备忘录对象，RestoreMemento(ComPany *g)方法存储当前对象。

③ 操作者对象 ComPanyStack：通过 ComPany 数组管理①中的备忘录对象，由 push(ComPany *g)和 pop()成员函数对①中的备忘录对象进行选择和后悔选择操作。

④ 综合管理类 Inview：在构造函数 Inview()中封装了备忘录模式中的各种调用关系，构造了②、③中的对象，并且由其各自的成员函数进行程序的唤醒。通过 Select(int s)方法进行公司的逻辑选择，当传入的参数是 0 时，进行面试；当传入的参数是 1 时，恢复之前的面试的公司。

⑤ 客户端 Client：只需要构造④中的 Inview，即可完成对整个程序的控制，隐藏了程序的所有细节。

5.10.5 用备忘录模式解决问题

5.10.4 小节详细说明了用备忘录模式解决"面试的公司多"实际问题的设计思路和步骤，并且利用图 5-31 所示的 UML 类图，展现了备忘录模式三大核心的成员方法和成员变量，以及它们之间的关系。下面是根据 5.10.4 小节内容完成的代码。

第一步：设计备忘录对象和发起者对象。

```cpp
#include <iostream>
#include <cstring>
#include <vector>
#include <algorithm>

using namespace std;

//备忘录：面试的公司
class ComPany
{
    public:
        ComPany(string name)
        {
            this->name=name;
        }
        void SetComPanyName(string name)
        {
            this->name=name;
        }
        string GetComPanyName()
        {
            cout<<"getComPanyname"<<name<<endl;
            return name;
        }
    private:
        string name;
};
//发起者：小码路
class XiaoMaLu
{
```

```cpp
public:
    void SetComPany(string name)
    {
        ComPanyName = name;
        cout<<"ComPanyName: "<<ComPanyName<<endl;
    }
    string GetComPany()
    {
        return ComPanyName;
    }
    ComPany* CreateMemento()
    {
        return new ComPany(ComPanyName);
    }
    void RestoreMemento(ComPany *g)
    {
        SetComPany(g->GetComPanyName());
    }

private:
    string ComPanyName;
};
```

第二步：设计操作者对象。

```cpp
//操作者
class ComPanyStack
{
    public:
        ComPanyStack(){
            top = -1;
        }
        bool push(ComPany *g)
        {
            if(top >= 4)
            {
                cout<<"小码路你要求太高了！能不能找到工作呀！"<<endl;
                return false;
            }
            else
            {
            gg[top++]=g;
                return true;
            }

        }
        ComPany* pop()
        {
            if(top <= 0)
            {
                cout<<"面试的公司没有了！"<<endl;
                return gg[0];
            }
            else
            {
                return gg[--top];
            }
```

```
        }
    private:
        ComPany *gg[5];
        int top;
};
```

第三步：设计综合管理类。

```
//综合管理类
class Inview{

public:
    Inview()
    {
        cout<<"备忘录模式进行面试"<<endl;
        xml = new XiaoMaLu();
        gs = new ComPanyStack();

        Select(0);
        gs->push(xml->CreateMemento());
        cout<<" 小码路面试的公司的名字是： "<<xml->GetComPany()<< endl;
        Select(1);//后悔了重新选择
        cout<<" 后悔过后，小码路面试的公司的名字是： "<<xml->GetComPany()<< endl;
    }
    void ShowComPany(string name)
    {
        xml->SetComPany(name);
    }
    void Select(int s)
    {
        bool ok=false;
        if(s == 0)
        {
            ok = gs->push(xml->CreateMemento()); //保存状态
            if(ok && g1.compare("甲公司") == 0 )
            {
                ShowComPany("甲公司");
            }
             if(ok && g2.compare("A 公司") == 0 )
            {
                ShowComPany("A 公司");
            }
             if(ok && g3.compare("B 公司") == 0 )
            {
                ShowComPany("B 公司");
            }
             if(ok && g4.compare("乙公司") == 0 )
            {
                ShowComPany("乙公司");
            }
        }
        else if(s == 1)//后悔了，恢复原来状态
        {
            xml->RestoreMemento(gs->pop());
            ShowComPany(xml->GetComPany());
```

```
        }

    }

    private:
        XiaoMaLu *xml;
        ComPanyStack *gs;
        string g1="甲公司",g2="A 公司",g3="B 公司",g4="乙公司";

};

int main()
{
    Inview *inview = new Inview();
    delete inview;
}
```

结果显示：

```
备忘录模式进行面试
ComPanyName: 甲公司
ComPanyName: A 公司
ComPanyName: B 公司
ComPanyName: 乙公司
小码路面试的公司的名字是：乙公司
getComPanyname 乙公司
ComPanyName: 乙公司
ComPanyName: 乙公司
后悔过后，小码路面试的公司的名字是：乙公司
```

5.10.6　小结

本节首先通过备忘录在实际生活中的应用案例引出了备忘录模式，两者发挥同样的功能；然后讲解了备忘录模式的基本理论，列举了游戏中应用的备忘录思想；接着说明了备忘录模式的核心组成部分、每个部分的作用以及应用备忘录模式的优缺点；最后通过"面试的公司多"实际问题，展现了从零开始使用备忘录模式解决实际问题的设计思路和编程过程，使读者一步步理解并学会运用备忘录模式。

思而不罔

在构造函数中调用类方法的弊端是什么？请叙述字符串比较函数 compare() 的用法。

备忘录模式实现一种"撤销"功能，回忆一下命令模式的具体细节，思考本节的案例是否可以改用命令模式实现，并说出两者的区别。

温故而知新

备忘录模式尽可能简化客户端的操作，最大限度对客户端隐藏内部实现的细节，所有的细节封装在备忘录对象 Memento 中，细节的更改不会影响客户端的调用，真正实现职责分离。但是，读者在明白备忘录模式带来的好处的同时，也应该明白它给程序性能带来的不利影响，如何更好地应用备忘录模式是程序员应该思考的问题。

行为型设计模式应用于不同对象之间的责任分工，结构型设计模式应用于现有对象的组装，创建型设计模式应用于对象的创建过程。每一类设计模式都包含数种模式，如何在大型案例中体现多种设计模式组合使用的优越性呢？第 6 章将带领读者回忆前面讲解的设计模式，并且在综合案例中组合应用多种设计模式，真正使读者做到学以致用。

5.11　总结

本章主要讲解了十大行为型设计模式：模板方法模式将公有的算法框架封装在基类中，派生类按照自己的意愿重写算法框架；解释器模式可以理解为程序中的语言翻译机，通过接口将对象树和上下文环境融合在一起；策略模式将简单的选择逻辑独立封装成算法类；命令模式将"命令发起者"与"命令执行者"分离，"命令接收者"根据请求执行特定的命令；责任链模式将行为请求向后传递，直到有请求接收者处理这个请求为止；状态模式将不同的状态行为封装成独立的状态对象，避免了复杂的选择状态行为的逻辑；观察者模式将一个发布者发送给多个观察者，实现"一对多"的订阅关系；中介者模式利用"第三者"将原本一系列对象之间的交互转换成中介者与多个对象之间的交互，完成"多对多"关系到"一对多"关系的转化；访问者模式是在系统结构相对稳定的情况下，为方便扩展更多访问者对象而设计的；备忘录模式将一个对象的某个参数或状态记录下来，等需要的时候进行恢复。

以上行为型设计模式关注的是如何进行各个对象之间的交互，并且最好是松耦合的交互，对象之间良好的交互关系可以实现更强大的功能，方便开发者的维护和扩展。但同时我们也应该注意每一种行为型设计模式的缺点。开发者明确各个行为型设计模式的区别和联系，对选择和应用设计模式有很大帮助。下面简要分析一下容易混淆的几种行为型设计模式。

（1）模板方法模式和策略模式都是对算法进行封装，模板方法模式关注的是将公有的算法框架封装成接口，派生类可以重写基类的接口；策略模式关注的是各个子算法独立封装成类，将算法的逻辑选择转换成类的独立构造。模板方法模式利用继承的方式，派生类继承基类并有可能改变基类的实现，在编译时派生类已经进行了算法的选择；策略模式使用组合的方式将不相干的子算法类进行组合联系，在程序运行的时候进行算法类的选择。

（2）策略模式和状态模式都是为了简化条件分支而存在的，两者都是将算法或状态独立成一个对象，最终完成对内部对象的调用。但是，策略模式的各个算法类之间是独立的，并且可以相互替换；状态模式中各个状态类之间是相互依赖、层层递进的关系。

（3）责任链模式和命令模式都包含进行行为请求和行为接收的对象，责任链模式的责任链中每个对象的处理请求的权力和范围不同，并且请求是按照顺序传递的，责任链模式中的每个对象都可能是命令的发起者或命令的处理者；命令模式是将行为请求与行为实现进行解耦，通过参数接口的方式调用不同的命令执行者对象，一个命令诱发一系列的操作，最终完成命令的请求。

（4）观察者模式和中介者模式最终实现的都是一对多的通信关系，将多个复杂对象之间的通信转换成多个对象与"第三者"对象之间的联系，"第三者"对象就是中转站。中介者模式是将多个对象之间的交互封装在中介者对象内部，中介者对象控制管理着其余对象；观察者模式则是发布者发布消息，观察者接收消息，并且两者可以逆向传输消息来完成观察者对整个系统的通知。

最后，为了加深读者对行为型设计模式的理解和印象，方便读者在今后的软件设计中回忆起在本书中学习到的设计模式的知识，下面将本章中的十大行为型设计模式的核心和实际案例列举出来，如表 5-1 所示。

表 5-1　十大行为型设计模式的核心和实际案例

设计模式	核心	实际案例
模板方法模式	公有的算法框架归一化、接口化	银行办业务
解释器模式	程序中的语言翻译机	校园门禁卡
策略模式	不同的算法独立成策略类	旅行方式多
命令模式	一个命令的发出诱发一系列动作的执行	顾客点菜
责任链模式	责任链上的责任串联	审批流程多
状态模式	每一种状态封装成独立的状态类，彼此依赖	我的一整天
观察者模式	一个发布者，多个观察者	欢迎新同事
中介者模式	复杂的多个对象的交互转换成中介者与对象单一的交互	驿站取快递
访问者模式	系统结构稳定的条件下封装访问者接口，方便扩展访问者对象	手机耗电快
备忘录模式	保存当前状态并在需要的时候随时恢复此状态	面试的公司多

至此，我们已经掌握了十大行为型设计模式，以及每种行为型设计模式的核心原理和应用场景，并且熟知行为型设计模式的设计步骤和编程过程。相信在今后的实际项目开发中，读者遇到某个需应用行为型设计模式的场景时，本章的学习将对读者项目的开发产生一定的推动作用。

第6章 设计模式三大综合案例

至此，读者已经学习了六大设计原则和 23 种设计模式，在实际开发中运用单一的设计原则或设计模式想必也已经熟练了。但是，在公司里，不管你是从事开发工作还是算法设计工作，都将面临一个庞大的工程，显然仅运用一种设计模式无法达到工程实践的目的。这时候，多种设计模式或设计原则的综合运用就派上用场了。

本章在读者学习完前 5 章内容并能将其熟练运用在开发实践中的基础上，安排了 3 个设计模式的综合案例。每个案例中至少运用 3 种设计模式，帮助读者更深刻地理解设计模式，学习它们的综合应用，真正做到学以致用。

6.1 封闭开发中的成果

多种设计原则或设计模式的组合使用是读者学习本书的最终目标，也是开发者在实际项目中的必备技能。本节将带领读者学习一个"聊天登录系统"的综合案例，该案例运用了开闭原则、单例模式、责任链模式和工厂方法模式，即通过一个设计原则和 3 种设计模式的组合应用才完成了复杂系统的开发。

6.1.1 聊天登录系统

小码路和大不点入职同一家公司，从事开发工作有一年多了。有一天，他们两位被领导秘密叫到办公室，让他们赶紧收拾行李去一家酒店进行封闭开发，为期一周，任务是设计一款与现有的聊天登录系统类似，但又优于现有产品的软件。老板提出的大致需求如下。

① 不消耗多余内存，不开辟多余空间。

② 能够按照先后顺序自动实现多种登录方式，当前者登录失败后，后者进行自动替补。

③ 登录方式及用户主题便于维护和扩展。

剩下的就交给两位开发者自由发挥，保证产品一经发布，必是"爆品"。

请问如何利用多种设计模式才能完成满足以上需求的聊天系统的开发设计？

关键词：空间内存、自动替补、维护扩展。

6.1.2 系统拆解分析

小码路和大不点来到了公司为他们准备的酒店，进去一看，有台式机两台、服务器一台，老板这次真是费心了。随即，被寄予厚望的两位开发者进行了开发前的讨论工作。

小码路："老板想做到尽量节省内存，内存这个东西确实应该多加考虑，我记得之前开发的时候就'new'了一个对象，之后别忘记'delete'。那他这个需求肯定不是这个意思，大不点，你说那会是什么意思呢？"

大不点："确实，很显然不是这个意思，否则就不叫需求了。难道老板想一个进程完事？永远只产生一个实例？"

"单例模式可以实现这个功能，它的优势是不产生多个对象，避免了开辟内存空间的消耗。"小码路和大不点异口同声地说。

随即，大不点在纸上画出了聊天登录管理类的类图，并将它设计为单例模式，它的 UML 类图如图 6-1 所示。

大不点设计了图 6-1 所示的聊天登录管理类，其重要组成如下。

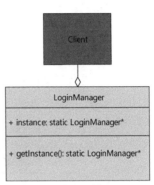

▲图 6-1 用单例模式设计的聊天登录管理类的 UML 类图

（1）聊天登录方式类 LoginManager：包含自身的静态成员对象 LoginManager*，并且实现一个 getInstance()方法，返回一个 static 的 LoginManager*对象。

（2）客户端 Client：只要通过调用（1）中的 getInstance()方法，即可在整个系统生命周期中只构造一个 LoginManager 对象，并被全局使用，避免了因为多次构造对象带来的内存消耗。

老板的第一个需求"不消耗多余内存，不开辟多余空间"算是落地了。接下来，小码路和大不点继续讨论后续的设计思路。

小码路："多种登录方式，一种失败，另外一种自动替换，这个需求是亮点，估计也是老板最渴望看到的。这种设计容易实现，不就是多加几个'if/else'判断的问题吗？"

大不点："要是只是多加几个逻辑判断那么简单的事情就好了。你想想，'if/else'语句多了，老板在'review'代码的时候，你能过关吗？老板也是技术出身，可是相当专业的。"

小码路："也对，要是这样，老板也不会挑我们两个来进行封闭开发了，随便拉两个新人就可以了。那该怎么设计呢？"

这时，小码路回忆起学习过的设计模式及应用场景，突然一拍脑袋，想到责任链模式正好可以实现这个需求，既可以避免增加"if/else"逻辑判断，还可以实现当一种登录方式失败时自动跳转到另一种登录方式的功能。

于是小码路按照这个思路画出了利用责任链模式设计出的登录方式的 UML 类图，如图 6-2 所示。

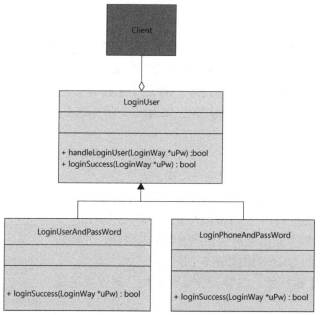

▲图 6-2 用责任链模式设计的登录方式的 UML 类图

（1）LoginUser 定义为登录用户的虚基类：该虚基类中包含一个登录成功的 loginSuccess(LoginWay *uPw)虚接口，LoginUser 派生出两个具体登录方法类——用户名和密码登录 LoginUserAndPassWord、手机号和密码登录 LoginPhoneAndPassWord，两者实现具体的 loginSuccess(LoginWay *uPw)方法，并且通过基类的 handleLoginUser(LoginWay *uPw)函数形成责任链的调用逻辑。

（2）客户端 Client：构造一个具体的 LoginUser 类，由 handleLoginUser(LoginWay *uPw)形成在责任链上的各种登录方式和其方法调用。

老板的第二个需求"能够按照先后顺序自动实现多种登录方式，当前者登录失败后，后者进行自动替补"也算告一段落了。

大不点："很不错，看来你思维还挺活跃，这下又解决了一个需求，老板真是给了我一个好搭档，照我们这样的效率，哪用得了一周呢，两天就完成了。"

小码路："我们追求速度，更要保证质量和效果。"

大不点："对，项目还需要满足可扩展和维护功能，这个就简单多了，任何一种设计模式拿出来基本都可以解决，这个让我来实现吧！"

不一会儿，大不点利用最常见的工厂方法模式绘制了登录用户类的 UML 类图，如图 6-3 所示。

大不点对图 6-3 所示的用工厂方法模式设计的登录用户类的 UML 类图的主要组成部分进行了如下补充。

（1）登录用户的虚基类 ObjectUser：在工厂方法模式中可以看作虚产品类，具体产品类

XMLObjectUser 实现 ObjectUser 类中具体的虚方法 login(LoginWay *lw)和 isLogin()，其中 login(LoginWay *lw)方法利用图 6-1 中的单例对象进行登录，XMLObjectUser 包含独有获取登录用户名的方法 getUserName()。

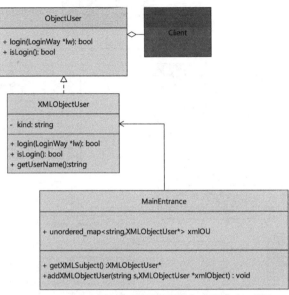

▲图 6-3　用工厂方法模式设计的登录用户类的 UML 类图

（2）程序入口类 MainEntrance：提供一个全局获取 ObjectUser 类的程序入口，在工厂方法模式中看作工厂类，通过 getXMLSubject()方法来获取（1）中当前实际登录的用户对象，可以看作工厂生产的具体产品对象，通过 addXMLObjectUser(string s, XMLObjectUser *xmlObject)方法对 MainEntrance 类中以 unordered_map 构成的 XMLObjectUser 对象进行补充。

（3）客户端 Client：通过工厂方法模式，利用工厂对象增加或获取当前的产品对象，在本案例中利用 MainEntrance 类对象来获取具体的 XMLObjectUser 对象，实现登录用户类的设计。

将复杂的事情简单化是程序设计的一种思想。小码路和大不点经过一晚上的讨论与分析，将大体框架进行了拆解。

其中，整个设计过程用到了不曾提到的开闭原则。大不点和小码路将思路整理之后，就先去休息了。接下来几天的工作就是按照讨论的思路进行编程、调试、测试和交付了。

6.1.3　系统整合设计

经过大不点和小码路的一波分析及头脑风暴，本节需要设计的"聊天登录系统"涉及了**开闭原则、单例模式、责任链模式和工厂方法模式**。运用一种软件设计原则和 3 种软件设计模式既可满足所有需求，又能给后续团队的维护及扩展带来很大的便利。

分步设计已经讨论完毕，如何将这些步骤组合起来，形成一个庞大的工程系统，是最棘手，也是迫在眉睫的事情。

　　大不点和小码路休息好后，拿出白纸，设计出了整个工程项目的 UML 类图，如图 6-4 所示。

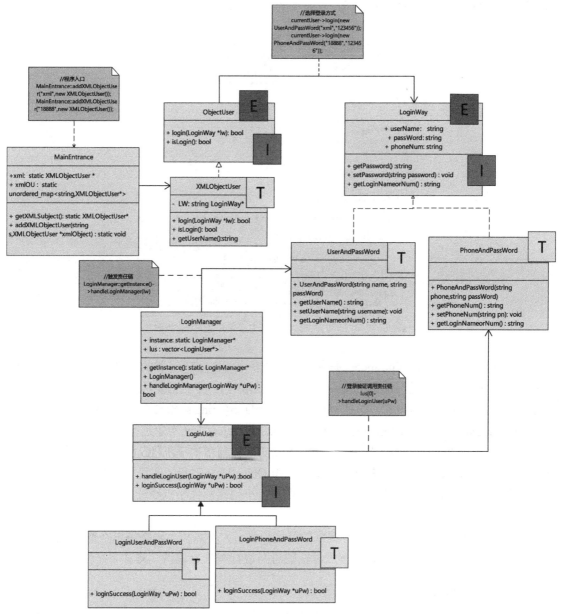

▲图 6-4　聊天登录系统的 UML 类图

　　UML 类图画好后，小码路和大不点又开始讨论具体逻辑，有了具体的方法步骤，才好进行分工合作，达到最高效率。图 6-4 展示了各个组成对象的关系以及程序设计清单，该程序设计清单的具体组成如下。

（1）工厂方法模式实现登录用户

① 登录用户基类 ObjectUser 和具体登录用户派生类 XMLObjectUser：两者与基类中的虚方法 login(LoginWay *lw)、isLogin()构成 EIT 造型，客户端构造 XMLObjectUser 登录用户对象，通过 login(LoginWay *lw)方法选择登录方式，登录方式分为用户名和密码登录 UserAndPassWord、手机号和密码登录 PhoneAndPassWord。

② 程序入口类 MainEntrance：程序入口类通过类方法 addXMLObjectUser(string s, XMLObjectUser *xmlObject)依次增加①中的具体登录用户类对象 XMLObjectUser，命名为"xml"和"18888"，分别是用户名和手机号，为选择不同的登录方式做准备。

（2）开闭原则实现登录方式

① 登录方式基类 LoginWay 和具体登录方式派生类 UserAndPassWord、PhoneAndPassWord：两者与基类中的虚方法 getPassword()、getLoginNameorNum()构成 EIT 造型，基类中有公共的 setPassword(string password)方法，UserAndPassWord 类实现自身独特的 setUserName(string username)和 getUserName()方法，PhoneAndPassWord 类实现自身独特的 setPhoneNum(string pn)和 getPhoneNum()方法。

② 客户端通过构造 UserAndPassWord（"xml"，"123456"）、PhoneAndPassWord（"18888"，"123456"）对象，进行实例化具体的 LoginWay 对象，从而开启不同登录方式的选择。

（3）单例模式构造全局登录管理对象

构造静态的全局登录管理对象类 LoginManager：通过自身的 getInstance()方法返回 static 对象，利用 handleLoginManager(LoginWay *uPw)方法传入（2）中的 LoginWay 对象触发责任链，开始责任链上责任对象的职责匹配。

（4）责任链模式实现登录方式策略

① 登录方式策略基类 LoginUser 和具体策略派生类 LoginUserAndPassWord、LoginPhoneAndPassWord：两者与基类的虚方法 loginSuccess(LoginWay *uPw)构成 EIT 造型，基类 LoginUser 实现公有的 handleLoginUser(LoginWay *uPw)方法，该方法是登录验证时调用责任链的入口方法。

② 单例模式登录管理类 LoginManager：其成员变量包含①中的 LoginUser 数组，该数组通过 handleLoginUser(LoginWay *uPw)方法传入 LoginWay 参数，开始调用责任链，进行不同方式的登录验证。

小码路和大不点完成了以上设计步骤的总结，接下来就开始按照以上思路和设计方法进行编程工作了，他们的工作至此算完成一大半了，脸上露出了欣慰的笑容。

6.1.4 系统编码实现

根据以上几个小节对"聊天登录系统"案例进行的详细分析，结合图 6-4 所示的 UML 类图，总结出了整个项目中各个对象的关系以及其中的方法逻辑，下面进行具体的编程。小码路和大不点分工、分步骤编写代码，完成整个系统的设计。

　　第一步：大不点利用多态的特性为登录方式编写了代码。

```cpp
#include <iostream>
#include <vector>
#include <algorithm>
#include <unordered_map>
#include <cstring>
using namespace std;

class LoginWay
{
    public:

        string getPassword()
        {
            return passWord;
        }
        void setPassword(string password)
        {
            this->passWord = password;

            cout<<"password: "<< this->passWord <<endl;
        }

        virtual string getLoginNameorNum() = 0;

        string userName;
        string passWord;
        string phoneNum;
};
class UserAndPassWord:public LoginWay
{

    public:

        UserAndPassWord(){}
        UserAndPassWord(string name, string passWord)
        {
            this->userName = name;
            this->passWord = passWord;
        }
        string getUserName()
        {
            return userName;
        }
        void setUserName(string username)
        {
            this->userName = username;
        }

        string getLoginNameorNum()
        {
            return getUserName();
        }
```

```
};

class PhoneAndPassWord:public LoginWay
{
    public:

        PhoneAndPassWord(){}
        PhoneAndPassWord(string phone,string passWord)
        {
            this->phoneNum = phone;
            this->passWord = passWord;
        }
        string getPhoneNum()
        {
            return phoneNum;
        }
        void setPhoneNum(string pn)
        {
            this->phoneNum = pn;
        }

        string getLoginNameorNum()
        {
            return getPhoneNum();
        }
};
```

第二步：小码路在大不点设计的基础上，继续完善登录用户的设计。

```
class LoginUser
{
    public:

        void setUser(LoginUser *lu)
        {
            this->luser = lu;
        }

        bool handleLoginUser(LoginWay *uPw)
        {
            cout<<"LoginUser handle: "<<uPw<<endl;

            if(uPw == NULL)
            {

                return false;
            }

            //验证登录是否成功
            cout<<" luser "<<this<<" uPw: "<<uPw<<endl;

            if(this->loginSuccess(uPw))
            {
                cout<<"login success"<<endl;

                return true;
```

```
        }

            //验证失败，就使用下一个登录方式
            //如当前登录用的是用户名和密码，下一个登录方式是手机和密码
            return luser != NULL && luser->handleLoginUser(uPw);
        }

        //登录验证
        virtual bool loginSuccess(LoginWay *uPw) = 0;

    private:

        LoginUser *luser;
};

//登录方式一
class LoginUserAndPassWord:public LoginUser
{
    public:

        bool loginSuccess(LoginWay *uPw)
        {
            cout<<"this a way to login by UserAndPassWord"<<endl;
            string username = uPw->getLoginNameorNum();
            string password = uPw->getPassword();

            cout<<"user: "<<username<<" password: "<<password<<endl;

             cout<<"user strcmp: "<<strcmp(username.c_str(),"xml")<<" password
             strcmp: "<<strcmp(password.c_str(),"123456")<<endl;

            if(strcmp(username.c_str(),"xml") == 0 && strcmp(password.c_str
            (),"123456") == 0)
            {
                return true;
            }

            return false;
        }
};

//登录方式二
class LoginPhoneAndPassWord:public LoginUser
{
    public:

        bool loginSuccess(LoginWay *uPw)
        {
            cout<<"this a way to login by PhoneAndPassWord"<<endl;

            string phonenum = uPw->getLoginNameorNum();
            string password = uPw->getPassword();

             cout<<"phonenum: "<<phonenum<<" password: "<<password<<endl;

             cout<<"phonenum strcmp: "<<strcmp(phonenum.c_str(),"18888")<<"
             password strcmp: "<<strcmp(password.c_str(),"123456")<<endl;
```

```
                if(strcmp(phonenum.c_str(),"18888") == 0 && strcmp
                (password.c_str(),"123456") == 0)
                {
                    return true;
                }

                return false;
        }
};
```

第三步：小码路为单例模式编写了代码，并填充具体类对象，形成了责任链。

```
//管理登录方式的类 形成责任链 单例模式
class LoginManager
{

    public:

        //形成责任链的数组
        vector<LoginUser*> lus;

        LoginManager()
        {
            LoginUser *lu1 = new LoginUserAndPassWord();
            LoginUser *lu2 = new LoginPhoneAndPassWord();
            lus.push_back(lu1);
            lus.push_back(lu2);

            //形成责任链
            for(int i=0;i<lus.size();i++)
            {
                LoginUser *secondLu = lus[i+1];
                if(secondLu != NULL)
                {
                    cout<<" lu1: "<<lu1<<" lu2: "<<lu2<<" secondLu: "<<
                    secondLu<<endl;

                    lus[i]->setUser(secondLu);
                }
            }
        }

        static LoginManager *instance;
        //单例模式
        static LoginManager* getInstance()
        {
            if (instance == NULL)
            {
                return instance = new LoginManager();
            }
        }

    public:

        //登录认证开始调用责任链
```

```cpp
    bool  handleLoginManager(LoginWay *uPw)
    {
        cout<<"lus size: "<<lus.size()<<endl;

        if(lus.size() == 0)
        {
            return false;
        }
        return lus[0]->handleLoginUser(uPw);
    }
};
```

第四步：大不点为用户主题编写了代码，通过设计一个具体的 xml 用户对象进行调试。

```cpp
//设置登录主题接口：用户主题
class ObjectUser
{
    public:

        //登录
        virtual bool login(LoginWay *lw) = 0;
        //是否已经登录
        virtual bool isLogin() = 0;
};

//小码路用户主题
class XMLObjectUser:public ObjectUser
{
    private:

        LoginWay *lw;

    public:

        bool login(LoginWay *lw)
        {
            //设置密码
            string password = "123456";
            lw->setPassword(password);

            //调用 LoginManager() 方法触发责任链
            if(LoginManager::getInstance()->handleLoginManager(lw))
            {
                cout<<"登录成功！"<<endl;

                this->lw = lw;

                return true;
            }
            return false;
        }
        bool isLogin()
        {
            return lw != NULL;
        }
```

```
        string getUserName()
        {
            lw->getLoginNameorNum();
        }
};

//提供全局获取 ObjectUser 的方法的程序入口
class MainEntrance
{
    public:

        static XMLObjectUser *xml;

        static unordered_map<string,XMLObjectUser*> xmlOU;

        //获取当前请求的用户信息
        static XMLObjectUser* getXMLSubject()
        {
            string name = "xml";

            //查找是否存在 xml 对象
            for(auto xxmm: xmlOU)
            {
                auto it = xmlOU.find(name);

                if(it != xmlOU.end())
                {
                    xml= it->second;
                }
            }

            cout<<"xml ? "<< (xml) <<endl;//查找到了 xml 对象

            return (xml == NULL) ? new XMLObjectUser():xml;
        }
        static void addXMLObjectUser(string s,XMLObjectUser *xmlObject)
        {
            xmlOU.emplace(s,xmlObject);
        }
};
```

第五步：大不点和小码路一起进行部署、调试。

```
LoginManager* LoginManager::instance = new LoginManager();
XMLObjectUser* MainEntrance::xml;//不初始化赋值了
unordered_map<string,XMLObjectUser*>  MainEntrance::xmlOU{{"xxxxml",new XML
ObjectUser()},{"xxml",new XMLObjectUser()}};

int main()
{
    //设置用户对象
    MainEntrance::addXMLObjectUser("xml",new XMLObjectUser());
    MainEntrance::addXMLObjectUser("18888",new XMLObjectUser());
    //获取当前用户类名，调用类的静态方法
    XMLObjectUser *currentUser = MainEntrance::getXMLSubject();
    //是否已经登录
    cout<<"是否已经登录？ "<< currentUser->isLogin()<<endl;
```

```
        //执行登录操作    @ 第一次登录成功 返回
        currentUser->login(new UserAndPassWord("xml","123456"));
        //是否已经登录
        cout<<"是否已经登录? "<< currentUser->isLogin()<<endl;

        //执行登录操作  @第一次用户名登录失败  第二次用手机号码登录
        currentUser->login(new PhoneAndPassWord("18888","123456"));
        //是否已经登录
        cout<<"是否已经登录? "<< currentUser->isLogin()<<endl;
}
```

小码路和大不点经过一周的奋战，终于得出了理想结果。

结果如下。

```
lu1: 0x180ac40 lu2: 0x180ac60 secondLu: 0x180ac60
xml ? 0x180b0f0
是否已经登录? 0
password: 123456
lus size: 2
LoginUser handle: 0x180b260
luser 0x180ac40 uPw: 0x180b260
this a way to login by UserAndPassWord
user: xml password: 123456
user strcmp: 0 password strcmp: 0
login success
登录成功!
是否已经登录? 1
password: 123456
lus size: 2
LoginUser handle: 0x180b2d0
luser 0x180ac40 uPw: 0x180b2d0
this a way to login by UserAndPassWord
user: 18888 password: 123456
user strcmp: -71 password strcmp: 0
LoginUser handle: 0x180b2d0
luser 0x180ac60 uPw: 0x180b2d0
this a way to login by PhoneAndPassWord
phonenum: 18888 password: 123456
phonenum strcmp: 0 password strcmp: 0
login success
```

登录成功！

是否已经登录? 1

6.1.5　思考

简述程序设计中类的静态成员对象和静态成员函数的作用，以及使用的注意事项。

本案例中若用手机和密码登录再次失败，请设计第三种，即微信扫一扫进行登录的方式。

6.1.6　小结

本节首先介绍了封闭开发的目的，即开发一款"聊天登录系统"，实现节省内存、自动替补和方便维护扩展等功能；然后以对话的方式详细说明了用多种设计模式组合设计该项目的思路，单例模式解决空间内存的消耗问题，责任链模式实现登录方法的自动替补，工厂方法模式的应用便于后续的扩展维护；接着绘制了该项目的整体软件系统结构的 UML 类图，该图详细说明了各个组成对象之间的关系和类方法；最后根据设计思路和 UML 类图进行编程实现，完成了设计原则和设计模式组合应用的"聊天登录系统"。

6.2　产品上线后的创业故事

在小码路和大不点的共同努力下，经过一周的开发，"聊天登录系统"成功上线了。这款聊天产品给公司带来了巨大的利润，因此，老板给了两位开发者丰厚的奖金。大不点和小码路利用这笔奖金创业，他们分别成立了公司，各自研发了不同款式的手机，手机产品经历了出厂加工、代理商销售、买家购买和快递送货上门这 4 个过程。本节将组合利用多种设计模式带读者走进"产品上线后的创业故事"。

6.2.1　手机产业链

小码路和大不点离开公司以后，用自己手上的现金分别注册了一家公司：小码路科技有限责任公司和大不点科技有限责任公司。两家公司分别生产小码路品牌手机和大不点品牌手机，为了节约成本，两家公司都没有直销店，都是通过代理商进行代理取货和销售。同样，代理商销售产品之后，会找到快递公司为买家送货，直到买家签收，这一流程才算真正完成。

手机销售的整个流程，就是一个产品的产业线和一个公司的产业链，若要将这条产业链做大做强，需要大不点和小码路及代理商的强强联合，并做到无缝对接、互通有无，方可实现共赢。如何将一条产业线真正实现，方便今后的开发使用？小码路和大不点陷入了深深的思考中……

请问：如何利用多种设计模式组合完成一部手机的销售，实现科技产业链模式的生产？

关键词：公司、手机、代理商、快递公司。

6.2.2　产业链拆解

小码路和大不点离职后创办公司，虽然成立的两家科技公司是竞争关系，但是作为老板，他们还是清楚即使竞争，也是需要合作才能实现共赢的。这次他们又坐到一起，讨论如何将手机销售这条产业线给串联起来，实现科技产业链中的生产、销售和送货。

大不点："有了上次一起开发'聊天登录系统'的经验，本次设计优先考虑了内存开销，考虑到两家科技公司合作，只需要一个实例，同样，代理商也指定了'明明代理商'，代理商对象也是唯一的。"

小码路："这就说明了小码路科技有限责任公司、大不点科技有限责任公司、明明代理商三者是'共同利益者'。既然唯一，我们就可以将三者分别设计为单例模式，这样对象就不会被二次创建，正好符合预期。"

大不点："对，我们想到一起去了，我这就画出 UML 类图，方便后面继续分析。"

大不点利用单例模式设计的科技公司对象和代理商对象的 UML 类图如图 6-5 所示。

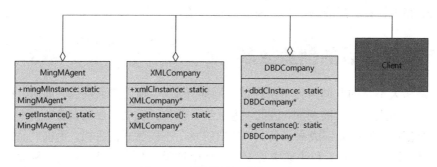

▲图 6-5　用单例模式设计的 UML 类图

接着，大不点对图 6-5 做出了如下解释。

（1）小码路科技有限责任公司、大不点科技有限责任公司、明明代理商分别定义为类 XMLCompany、DBDCompany 和 MingMAgent，三者都声明一个 static 的自身对象，并且通过 getInstance()方法返回自身的唯一实例。

（2）客户端 Client 只需要通过（1）中 3 个类中的 static 的方法 getInstance()构造 XMLCompany、DBDCompany 或 MingMAgent 对象（在整个软件生命周期，它们只"存活"一次），就能减少不必要的内存消耗。

小码路："你可真是个优秀的合作伙伴，对单例模式的设计与应用可以说是'轻车熟路'了。"

大不点："别吹捧我了，快来想想怎么设计两家科技公司和代理商之间的通信。我看最近'飞书'挺好用的，我们就定制个企业版的飞书吧，也别发什么邮件，还是聊天方便，你感觉呢？"

小码路："这是个好想法，聊天确实比邮件方便多了。既然是企业定制，我们就定制一款个性化的设计。消息内容往往有很多重复的话语，我不想每次都重新输入一遍，遇到重复的话语，直接复制、粘贴已经存在的对象，提高我们沟通的效率。"

大不点："设计模式你学得很透彻嘛，这样做的结果就是直接进行内存复制，不执行构造函数，节约了很多开销，这正是原型模式应用的核心思想。"

不一会儿，小码路用原型模式设计出了公司和代理商通信的 UML 类图，如图 6-6 所示。

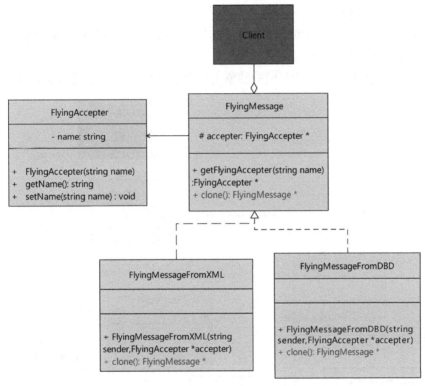

▲图 6-6　用原型模式设计的公司和代理商通信 UML 类图

图 6-6 利用原型模式设计了各对象之间的消息通信，小码路做出了如下解释。

（1）飞书消息基类 FlyingMessage、具体消息派生类对象 FlyingMessageFromXML 和 Flying MessageFromDBD：具体消息派生类对象分别对应来自小码路科技有限责任公司和大不点科技有限责任公司的消息，通过 clone()方法实现原型模式的复制功能。

（2）接收飞书消息类对象 FlyingAccepter：通过 setName(string name)和 getName()方法设置消息名称和获取消息来自哪个科技公司，该对象在（1）中 FlyingMessage 的类方法 getFlyingAccepter(string name)中被构造。

（3）客户端 Client：构造具体的消息类对象 FlyingMessageFromXML，该对象调用 clone()方

法复制出一个相同的对象，避免重新执行构造函数带来的开销。

　　解决了公司之间的通信问题，小码路和大不点继续讨论如何实现两家独立的科技公司分别生产两种不同品牌手机的方案，这时大不点提出利用工厂方法模式来完成此模块的开发。

　　小码路脑子一转，补充道："手机品牌和公司是一一对应的关系，小码路科技有限责任公司生产'小码路品牌手机'，大不点科技有限责任公司生产'大不点品牌手机'，具体公司生产具体产品，工厂方法模式确实可以完成这样的设计。但是，我们应该考虑今后可能再出现'××科技有限责任公司'生产'××品牌手机'的情况，因此利用抽象工厂模式设计比较好，它可以实现一对多的实例。"

　　大不点竖起大拇指说："抽象工厂模式是最佳的实现方式，请你直接把抽象工厂模式实现科技公司生产品牌手机的 UML 类图画出来。"

　　很快，小码路把早已在脑子中形成的抽象工厂模式的 UML 类图画了出来，如图 6-7 所示。

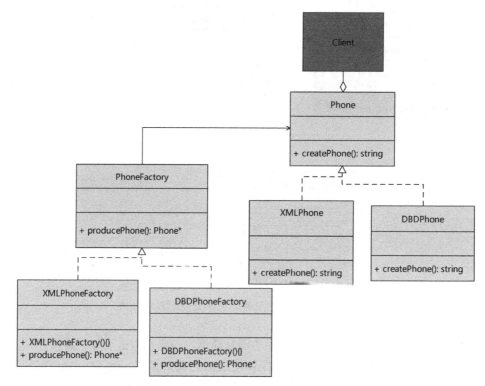

▲图 6-7　用抽象工厂模式实现科技公司生产品牌手机的 UML 类图

　　小码路对图 6-7 进行了如下说明。

　　（1）既然是抽象工厂模式，就把两家科技公司分别设计为对应的手机工厂 XMLPhoneFactory和 DBDPhoneFactory，两者继承自抽象工厂类 PhoneFactory，通过 producePhone()方法构造（2）中对应具体品牌的手机对象。

　　（2）手机产品基类 Phone 和具体产品派生类对象 XMLPhone 和 DBDPhone，通过

createPhone()方法返回具体的手机品牌名称。

（3）客户端 Client 明确 XMLPhoneFactory 生产 XMLPhone、DBDPhoneFactory 生产 DBDPhone，利用抽象工厂模式实现科技公司生产对应品牌的手机。

两家科技公司分别生产了对应品牌的手机，有了手机之后，就找到代理商进行销售，代理商通过线上线下双渠道销售，客户在线上下单，代理商就开始搜集客户的信息，准备发货。此时，小码路对客户订单的详细信息进行了梳理。

小码路：“客户进行线上下单，订单信息必然包含客户姓名、电话、住址、手机品牌、手机个数等，将这些信息的组合构造成一个完整的订单。”

大不点打断道：“停，刚才你说这些信息的组合才能构造一个完整的订单，这不正是建造者模式的核心——将一个复杂对象的构造与表示进行分离，复杂对象本身的表示与构造过程解耦，一步一步地实现整个构造过程。”不一会儿，大不点就利用建造者模式完成了订单信息的设计，具体的 UML 类图如图 6-8 所示。

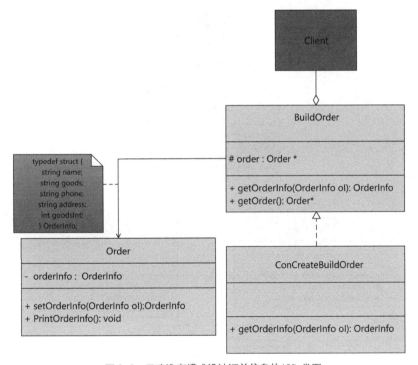

▲图 6-8　用建造者模式设计订单信息的 UML 类图

大不点对图 6-8 中的具体角色组成进行了如下解释。

（1）抽象建造者类 BuildOrder 和具体建造者类对象 ConCreateBuildOrder，其中的 getOrderInfo (OrderInfo oI)接口返回订单信息的所有组成信息，getOrder()方法构造（2）中具体的 Order 对象。

（2）订单对象类 Order 包含具体的订单信息 OrderInfo 成员变量，通过 setOrderInfo(OrderInfo oI)方法记录下单客户的信息，PrintOrderInfo()方法可以显示订单信息。

（3）客户端 Client 利用建造者模式构造具体的建造者对象 ConCreateBuildOrder，完成了客户订单信息的梳理和记录。

小码路连连称赞："设计思路很不错呀，你真棒，以后多向你学习。完成了订单信息的设计，客户下了订单，最后一步就是把手机按照订单上的详细信息送到客户手中了。我们思考一下，代理商有了客户订单，总不能让代理商亲自去全国各地送货吧，最好的办法就是把专业的事情交给专业的人——快递公司去做。"

大不点："我们主要提供技术，物流的工作还是交给快递公司吧。"

小码路："好，发货交给快递公司，中介者模式和代理模式都能派上用场。中介者模式主要起到'传话'的作用，用一个中介对象来封装一系列对象的交互。代理模式应用在一个对象引用另一个对象的场景，借用代理对象实现物流发货，可以把发送快递的具体快递公司理解为代理对象，通过代理对象选择具体的发货品牌。"小码路就代理模式实现物流送货的设计画出了具体的 UML 类图，如图 6-9 所示。

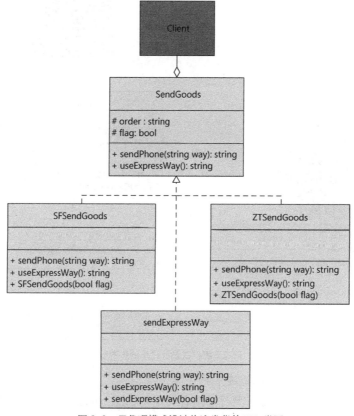

▲图 6-9　用代理模式设计物流发货的 UML 类图

大不点看到小码路用代理模式设计物流发货的 UML 类图，抢先对图 6-9 中的主要角色进行了如下说明。

（1）抽象物流类 SendGoods 和具体物流类对象 SFSendGoods、ZTSendGoods 实现具体的发送手机品牌方法 sendPhone(string way)和选择快递方式方法 useExpressWay()。

（2）代理对象 sendExpressWay 同样实现具体的 sendPhone()和 useExpressWay()方法，并通过 sendExpressWay(bool flag)方法，利用 flag 参数进行不同于（1）中快递公司代理对象的选择。

（3）客户端 Client 构造具体物流类对象 SendGoods，具体物流类对象的构造函数传入不同的 flag 标志，利用代理模式实现物流发货的设计。

至此，手机从生产、代理到出货的流程完成了。思想决定行动，接下来就根据以上思路进行整体软件架构的设计和编程。

6.2.3　产业链组合

大不点和小码路经过一天的激烈讨论和分步设计，把"科技公司产业链"这条主线拆解得非常详细，这个过程涉及**单例模式、原型模式、抽象工厂模式、建造者模式和代理模式**，众多设计模式的组合应用对整个软件架构起到事半功倍的效果，便于后续的扩展和维护。

程序是由细节组成的，由于细节的存在，整个程序可以由小变大，这也是实现编程的重要思想。根据 6.2.2 小节对各个细节的充分说明，将细节进行组合，利用多种设计模式构造的"科技公司产业链"的 UML 类图如图 6-10 所示。

图 6-10 详细说明了多种设计模式组合实现的"科技公司产业链"的组织架构，以及组织架构里的各个组成对象和各自的关系，是下一小节编程的关键。小码路和大不点一起对图 6-10 进行了如下总结。

（1）原型模式实现科技公司和代理商之间的通信

① 来自具体哪个科技公司消息的基类 FlyingMessage 和来自"小码路科技有限责任公司消息"的具体派生类 FlyingMessageFromXML、来自"大不点科技有限责任公司消息"的具体派生类 FlyingMessageFromDBD：基类中 clone()虚方法用来返回原型模式复制出的对象 FlyingMessage，getSender()方法获取收到的信息来自哪家公司，两者与基类、派生类对象分别构成 EIT 造型。基类包含具体接收消息对象 FlyingAccepter，通过 setFlyingAccepter(FlyingAccepter *accepter)和 getFlyingAccepter()方法控制消息接收对象和获取该对象实例，派生类在各自的构造函数实现时已经明确了消息接收对象，准备发送消息。

② 消息接收对象类 FlyingAccepter：构造函数中初始化来自①中消息的公司名称，通过 setName(string name)和 getName()方法设定、获取对应的公司名称。

（2）单例模式构造唯一的"明明代理商"实例

① 代理商实例 MingMAgent 在整个软件生命周期中只需要构造一次，由自身静态成员对象 static MingMAgent 和静态成员方法 getInstance()实现唯一实例的构造。

② 整个软件架构的程序入口从构造单例对象 MingMAgent::getInstance()开始。

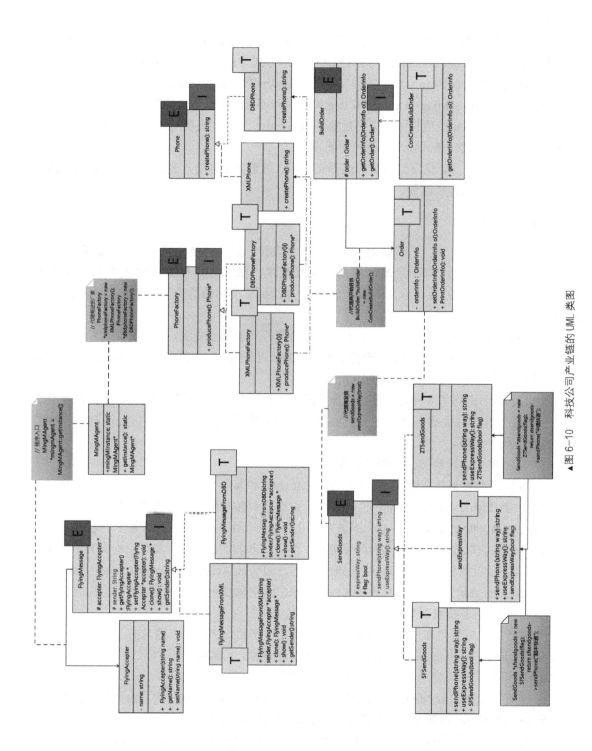

▲图 6-10 科技公司产业链的 UML 类图

（3）抽象工厂模式实现科技公司生产对应的品牌手机

① 手机工厂基类 PhoneFactory 和具体手机工厂派生类 XMLPhoneFactory、DBDPhoneFactory：三者与基类中生产手机的虚方法 producePhone() 构成 EIT 造型，不同的手机工厂生产②中对应的品牌手机。

② 手机品牌基类 Phone 和具体品牌手机类 XMLPhone、DBDPhone：三者与基类中生产具体手机品牌名称的虚方法 createPhone() 构成 EIT 造型，不同的品牌手机被①中具体的手机工厂加工生产。

③ 代理商通过构造具体的手机工厂派生类对象 XMLPhoneFactory() 或 DBDPhoneFactory()，分别从两个对象生产的具体品牌手机 XMLPhone 或者 DBDPhone 中进货，用于后续的销售。

（4）建造者模式设计订单信息

① 订单基类 BuildOrder 和具体订单信息类 ConCreateBuildOrder：两者与基类中的获取订单信息的虚方法 getOrderInfo(OrderInfo oI) 构成 EIT 造型，基类中包含②中的订单对象 Order，通过 getOrder() 方法返回，OrderInfo 结构体中包含一个订单的详细信息。

② 订单对象 Order：包含具体订单信息成员变量 OrderInfo，通过 setOrderInfo(OrderInfo oI) 方法进行下单记录，使用 PrintOrderInfo() 方法可以查看订单信息。

③ 代理商通过构造具体订单信息类对象 ConCreateBuildOrder，由 getOrderInfo(OrderInfo oI) 方法获取详细订单信息，通过建造者模式完成订单的存储。

（5）代理模式实现快递公司按照订单发货的过程

① 代理模式中的代理基类 SendGoods 和具体派生类 SFSendGoods、ZTSendGoods：它们与基类中手机发货的虚接口 sendPhone(string way)、选择快递方法的虚接口 useExpressWay() 构成 EIT 造型，基类中通过 flag 标志决定创建 SFSendGoods 或者 ZTSendGoods 代理对象。

② 选择快递公司方法类 sendExpressWay：该对象同样继承自基类 SendGoods，与基类及其中的虚方法一起构成 EIT 造型，通过 sendExpressWay(bool flag) 方法接收①中的 flag，进而用 useExpressWay() 方法进行①中具体发货快递公司派生类的选择构造，构造完 SendGoods 对象后，调用自身的 sendPhone(string way) 方法传递快递公司名称。

③ 代理商通过 sendExpressWay(bool flag) 方法的参数 true 或者 false 构造①中的具体发货快递公司类对象，利用代理模式完成订单发送。

至此，利用多种设计模式组合设计的"科技公司产业链"的实现步骤已经完成，接下来大不点和小码路需要按照以上设计思想进行开发工作。

6.2.4　产业链编程

根据 6.2.2 小节的思路和 6.2.3 小节对本章设计案例的分析，从图 6-10 所示的 UML 类图可看出整个项目中各个设计模式对应的对象实例，以及对象之间的关系，大不点和小码路进行分工编程。

第一步：大不点完成 3 个单例模式的编程。

```
#include <iostream>
```

```cpp
#include <vector>
#include <algorithm>
#include <unordered_map>
#include <cstring>
using namespace std;

//生成3个单例对象
//MingM 代理商 单例模式
class FlyingMessage;


class MingMAgent
{
    struct SingleInstance
    {
        public:
            static MingMAgent *mingMInstance;

        static MingMAgent* getInstance()
        {
            if(mingMInstance == NULL)
            {
                mingMInstance = new MingMAgent();
            }
        }
    };

    public:

        static MingMAgent* getInstance()
        {
            return SingleInstance::getInstance();
        }

    //代理商是从小码路公司代理还是从大不点公司代理的消息来源
    FlyingMessage *message;

    FlyingMessage* getMessage()
    {
        return message;
    }

    void setMessage(FlyingMessage *message)
    {
        this->message = message;
    }


};

//XML 公司 单例模式
class XMLCompany
{
    private:

        XMLCompany(){}
```

```cpp
    public:

        static XMLCompany *xmlCInstance;
        static XMLCompany* getInstance()
        {
            if (xmlCInstance == NULL)
            {
                return xmlCInstance = new XMLCompany();
            }
        }

};

//DBD 公司 单例模式
class DBDCompany
{
    private:

        DBDCompany(){}

    public:

        static DBDCompany *dbdCInstance;
        static DBDCompany* getInstance()
        {
            if (dbdCInstance == NULL)
            {
                return dbdCInstance = new DBDCompany();
            }
        }
};
```

第二步：小码路用原型模式对三者之间的通信进行设计。

```cpp
//原型模式：DBD 和 XML 之间的飞书往来类的设计
//通过飞书进行交流，接收代理商发来的消息
class FlyingAccepter
{
    public:

        FlyingAccepter(){}
        FlyingAccepter(string name)
        {
            this->name = name;
        }

        string getName()
        {
            cout<<"公司名称："<<name<<endl;

            return name;
        }

        void setName(string name)
        {
```

```cpp
            this->name = name;
        }

    private:

        string name;
};

//飞书消息类：定义为原型模式
class FlyingMessage
{
    public:
        FlyingMessage(){}

        FlyingAccepter *getFlyingAccepter()
        {
            cout<<"accepter: 地址："<<accepter <<" 接收者是以下公司："<<endl;
            return accepter;
        }

        void setFlyingAccepter(FlyingAccepter *accepter)
        {
            this->accepter = accepter;
        }

        //原型类接口
        virtual FlyingMessage *clone() = 0;

        virtual void show() = 0;

        virtual string getSender() = 0;

    protected:
        string sender;
        FlyingAccepter *accepter;
};

//具体原型模式实现复制
class FlyingMessageFromXML : public FlyingMessage
{
    public:

        FlyingMessageFromXML(string sender,FlyingAccepter *accepter)
        {
            this->sender = sender;
            this->accepter = accepter;
        }

        FlyingMessage* clone()
        {
            FlyingMessageFromXML *fromxmlmessage = new FlyingMessageFromXML
            (sender,accepter);
            *fromxmlmessage = *this;
            return fromxmlmessage;
        }
```

```
        void show()
        {
            cout<< sender<<"：  向小码路科技有限责任公司发送进货请求的飞书消息"<<endl;
        }

        string getSender()
        {
            cout<<"sender: "<<sender<<endl;
            return sender;
        }
};
class FlyingMessageFromDBD : public FlyingMessage
{
    public:

        FlyingMessageFromDBD(string sender,FlyingAccepter *accepter)
        {
            this->sender = sender;
            this->accepter = accepter;
        }

        FlyingMessage* clone()
        {
            FlyingMessageFromDBD *fromdbdmessage = new FlyingMessageFromDBD
            (sender,accepter);
            *fromdbdmessage = *this;
            return fromdbdmessage;
        }

        void show()
        {
            cout<< sender <<"：  向大不点科技有限责任公司发送进货请求的飞书消息"<<endl;
        }

        string getSender()
        {
            cout<<"sender: "<<sender<<endl;
            return sender;
        }
};
```

第三步：小码路用抽象工厂模式对两家公司进行设计。

```
//手机品牌基类
class Phone
{
    public:

        virtual string createPhone() = 0;
};
//具体品牌手机类
class XMLPhone:public Phone
{
```

```cpp
    public:

        string createPhone()
        {
            return "小码路品牌手机";
        }
};
class DBDPhone:public Phone
{
    public:

        string createPhone()
        {
            return "大不点品牌手机";
        }
};
//抽象工厂模式：小码路公司和大不点公司分别生产的产品
class PhoneFactory
{
    public:

        //生产手机品牌产品
        virtual Phone* producePhone() = 0;

};

//具体工厂
class XMLPhoneFactory:public PhoneFactory
{
    public:
        XMLPhoneFactory(){}
        Phone* producePhone()
        {
            cout<<"小码路公司供货："；
            return new XMLPhone();
        }
};
class DBDPhoneFactory:public PhoneFactory
{
    public:
        DBDPhoneFactory(){}
        Phone* producePhone()
        {
            cout<<"大不点公司供货："；
            return new DBDPhone();
        }
};
```

第四步：大不点利用建造者模式完成订单信息设计。

```cpp
//订单信息：建造者模式
typedef struct
{
    string name;
    string goods;
    string phone;
```

```cpp
        string address;
        int goodsInt;
} OrderInfo;

class Order
{
    public:

        OrderInfo setOrderInfo(OrderInfo oI)
        {
            this->orderInfo = oI;
            return this->orderInfo;
        }

        //输出订单信息
        void PrintOrderInfo()
        {
            cout<<"输出订单信息---生成订单---"<<endl;
            cout<<"买家姓名: "<<orderInfo.name<<" 买的商品: "<<orderInfo.goods<<"
            买的商品数量: "
                <<orderInfo.goodsInt<<" 买家电话: "<<orderInfo.phone<<" 买家地
                址: "<<orderInfo.address<<endl;
        }
    private:

        OrderInfo orderInfo;
};

class BuildOrder
{
    public:

        virtual OrderInfo getOrderInfo(OrderInfo oI) = 0;

        //生成订单
        Order* getOrder()
        {
            return order;
        }

    protected:
        Order *order = new Order();
};


class ConCreateBuildOrder:public BuildOrder
{
    public:

        OrderInfo getOrderInfo(OrderInfo oI)
        {
            order->setOrderInfo(oI);
        }

};
```

第五步：小码路利用代理模式实现按照订单发货的过程。

```cpp
//代理模式: 找第三方进行运输
class SendGoods
{
    public:
        virtual string sendPhone(string way) = 0;
        virtual string useExpressWay() = 0;

     protected:
        bool flag;
        string expressWay;
};

class SFSendGoods:public SendGoods
{
    public:

        SFSendGoods(bool flag)
        {
            this->flag = flag;
        }
        string sendPhone(string way)
        {
            if (flag == true)
                expressWay =  "订单通过 " + way +" 发送";
            return expressWay;
        }

        string useExpressWay()
        {
            return NULL;
        }
};

class ZTSendGoods:public SendGoods
{
    public:

        ZTSendGoods(bool flag)
        {
            this->flag = flag;
        }

        string sendPhone(string way)
        {
            if (flag == false)
              expressWay =  "订单通过 " + way +" 发送";
            return expressWay;
        }

         string useExpressWay()
        {
            return NULL;
        }
};
```

```cpp
//发送方式
class sendExpressWay:public SendGoods
{
    public:

        sendExpressWay(bool flag)
        {
            this->flag =flag;
        }

        string useExpressWay()
        {
            cout<<"flag: "<<flag<<endl;

            if(flag)
            {
                SendGoods *sfsendgoods = new SFSendGoods(flag);
                return sfsendgoods->sendPhone("顺丰快递");
            }
            else
            {
                SendGoods *ztsendgoods = new ZTSendGoods(flag);
                return ztsendgoods->sendPhone("中通快递");
            }

        }
        //派生类必须完全实现基类的虚函数
        string sendPhone(string way)
        {
            return NULL;
        }
};
```

第六步：产品上线后的创业系统设计。

```cpp
//生成单例对象1
MingMAgent* MingMAgent::SingleInstance::mingMInstance =new MingMAgent();
XMLCompany* XMLCompany::xmlCInstance = new XMLCompany();
DBDCompany* DBDCompany::dbdCInstance = new DBDCompany();

int main()
{
    //生成单例对象2
    MingMAgent *mingmAgent = MingMAgent::getInstance();
    XMLCompany *xmlCompany = XMLCompany::getInstance();
    DBDCompany *dbdCompany = DBDCompany::getInstance();


    FlyingAccepter *flyingAccepter = new FlyingAccepter("小码路科技有限责任公司");

    //条件1：飞书接收消息，开始设置公司名称
    if (strcmp(flyingAccepter->getName().c_str(),"小码路科技有限责任公司") == 0)
    {

        //飞书信息
        FlyingMessage *flyingmessage = new FlyingMessageFromXML("明明代理商",
```

```
            flyingAccepter);
            //复制一个对象
            FlyingMessage *clonexml = flyingmessage->clone();

            cout<<"第一步：代理商发出进货请求-------------"<<endl;

            flyingAccepter->setName("小码路科技有限责任公司");
            clonexml->setFlyingAccepter(flyingAccepter);
            clonexml->show();
            //明明代理商开始发送消息
            mingmAgent->setMessage(clonexml);
            //发送人
            mingmAgent->getMessage()->getSender();
            //收信人
            mingmAgent->getMessage()->getFlyingAccepter()->getName();
            delete flyingmessage;
            delete clonexml;
        }


cout<<"第二步：代理商开始从科技有限责任公司进货-------------"<<endl;

//@抽象工厂模式
//明明代理商从小码路科技有限责任公司或者大不点科技有限责任公司进货
//此处只举例说明从小码路科技有限责任公司进货的具体实现，代码注释部分作为作业供读者练习
//PhoneFactory *dbdphoneFactory = new DBDPhoneFactory();
PhoneFactory *xmlphoneFactory = new XMLPhoneFactory();
cout<<xmlphoneFactory->producePhone()->createPhone()<<endl;

cout<<"第三步：代理商开始销售进来的货-------------"<<endl;

//明明代理商开始销售小码路品牌手机
cout<<"第3.1步：订单生成中-------"<<endl;
//买家慧慧买了一部小码路品牌手机
OrderInfo orderInfo;
hhorderInfo.name = "慧慧";
hhorderInfo.goods = "小码路品牌手机";
hhorderInfo.goodsInt = 1;
hhorderInfo.phone = "18888888";
hhorderInfo.address = "北京市海淀区";
BuildOrder *buildOrder = new ConCreateBuildOrder();
Order *order = buildOrder->getOrder();
OrderInfo orderInfo = order->setOrderInfo(orderInfo);
order->PrintOrderInfo();

cout<<"第3.2步：发货方式-------"<<endl;

//代理商开始选择快递方式进行发货
SendGoods *sendGoods;
//条件1选择SF
sendGoods = new sendExpressWay(true);
cout<<sendGoods->useExpressWay()<<endl;

cout<<"第四步：买家 "<<orderInfo.name<<" 收到 "<<orderInfo.goods<<endl;
delete flyingAccepter;
```

```
    delete xmlphoneFactory;
    delete buildOrder;
    delete sendGoods;
    return 0;

}
```

结果显示：

公司名称：小码路科技有限责任公司

第一步：代理商发出进货请求-------------

明明代理商：向小码路科技有限责任公司发送进货请求的飞书消息

sender: 明明代理商

accepter: 地址：0x16eeca0 接收者是以下公司：

公司名称：小码路科技有限责任公司

第二步：代理商开始从科技有限责任公司进货-------------

小码路公司供货：小码路品牌手机

第三步：代理商开始销售进来的货-------------

第 3.1 步：订单生成中-------

输出订单信息---生成订单---

买家姓名：慧慧 买的商品：小码路品牌手机 买的商品数量：1 买家电话：18888888 买家地址：北京市海淀区

第 3.2 步：发货方式-------

flag: 1

订单通过 顺丰快递 发送

第四步：买家 慧慧 收到 小码路品牌手机

6.2.5 思考

程序设计中什么是类的不完整类型？如何理解类的不完整类型？

在现有系统架构基础上完成代理商从大不点科技有限责任公司进货，选择中通快递进行发货的过程。

6.2.6 小结

本节在 6.1 节的基础上讲述了"产品上线后的创业故事"，以及综合开发"科技公司产业链"的完整过程。本节首先说明了项目的开发需求，从性能、扩展和维护多方面进行考量，利用对话的方式分析出多种设计模式组合应用实现该项目的思路（用单例模式构造代理商对象节约内存；用原型模式构造消息传递对象，利用复制的方法避免重复构造对象带来的开销；利用抽象工厂模式进行品牌手机生产，具体工厂和具体手机一一对应，结构清晰；利用建造者模式进行订单统计，将众多订单信息组合起来以便管理；利用代理模式完成订单发货，对外隐藏了发货方式的实现过程）；然后设计以上模式的 UML 类图，完成各个设计模式的关联；最后根据设计思路和 UML 类图完成详细的编程步骤，一步步实现多种设计模式的组合应用，从而实现"科技公司产业链"。

6.3　单打独斗的艰辛

6.2 节完整讲述了大不点科技有限责任公司和小码路科技有限责任公司生产的产品上线后的创业故事，他们利用多种设计模式组合完成了产品的生产、代理商购货、客户下单和快递公司发送产品的过程。两人合伙创业必然少不了分歧，时间长了，分歧也多了。因此，小码路和大不点开始独自经营各自的公司，小码路独自经营的小码路科技有限责任公司是一种怎样的运行状态呢？下面带领读者走进小码路单打独斗的艰辛历程。

6.3.1　公司起步

前面的"产品上线后的创业故事"说到，小码路和大不点辞职创业，分别成立了小码路科技有限责任公司和大不点科技有限责任公司。两人感情深厚，原本存在竞争关系的两家公司却合作完成了"科技公司产业链"的设计与开发。可是好景不长，两人由于存在分歧，最终分道扬镳，小码路没有了大不点的帮助，在创业之后每天显得很疲惫。

小码路科技有限责任公司独立经营后，首先进行了公司的重新选址。创业之初，因公司的资金有限，小码路只能先去租一个研发办公区和厂房加工区。租房这件事，小码路自身抽不出时间，就委托房屋中介去完成。公司内部的经营、管理、任务的分配都需要小码路亲自"挂帅"，小码路一天到晚忙得不可开交。

繁忙中的小码路开始思考，如何更加高效地管理公司，能否找到一种管理模板，一种公司运行机制的模板，形成一套标准的公司运行流程呢？小码路开始慢慢摸索。

请问：如何组合利用多种设计模式实现以上需求，使小码路科技有限责任公司独立运转？

关键词：中介租房、一大状态、管理模板、操作流程。

6.3.2　流程化拆解

小码路身边没有了大不点这样一位帮手，刚起步的小码路科技有限责任公司真的是困难重重。

小码路科技有限责任公司独立之后的首要任务就是选择办公地址，办公地址主要包括研发办公区和厂房加工区。这种选择办公地址的事情，小码路直接交给了房屋中介去完成。于是，小码路利用软件设计模式中的中介者模式，完成了厂房的租赁，并画出了用中介者模式实现厂房租赁的 UML 类图，如图 6-11 所示。

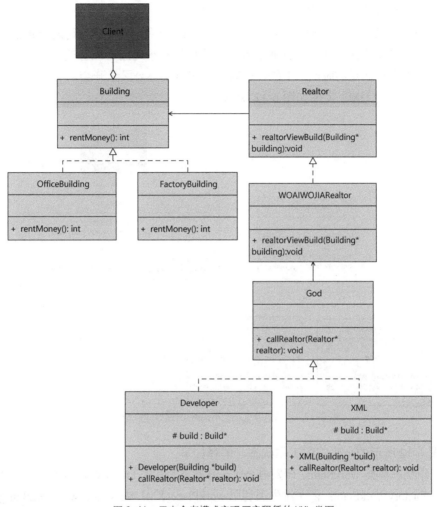

▲图 6-11 用中介者模式实现厂房租赁的 UML 类图

针对图 6-11 中利用中介者模式实现厂房租赁的 UML 类图中的对象构成,以及各对象之间的关系,小码路做出了如下解释。

(1)办公地点基类 Building 和研发办公区派生类 OfficeBuilding、厂房加工区派生类 FactoryBuilding:实现出租两处办公地点的价格 rentMoney()方法,不同的办公地点需要的出租价格不一样。

(2)房屋中介基类 Realtor 和具体房屋中介派生类 WOAIWOJIARealtor:房屋中介实现代看房屋方法 realtorViewBuild(Building* building),以(1)中的具体的办公地点为代看对象参数。

(3)办公地点的原始主人开发商对象 Developer 和租客小码路对象 XML:两者继承基类对象 God,两者通过类成员方法 callRealtor()与中介者对象进行信息传递。

(4)客户端 Client:利用(2)中的中介者对象完成(3)中 Developer 对象和 XML 对象

之间的通信，进而完成办公地点租赁。

小码路花费很长时间终于把研发办公区和厂房加工区租了下来，公司地址选定后，小码路紧接着开始投入研发和生产工作。创业初期，公司里只有小码路一位管理者，既要管研发，又要管生产，几乎没有休息的时间。上午，小码路会在研发办公区里开会，下午又去监管厂房加工区的工作，相应的 UML 类图如图 6-12 所示。

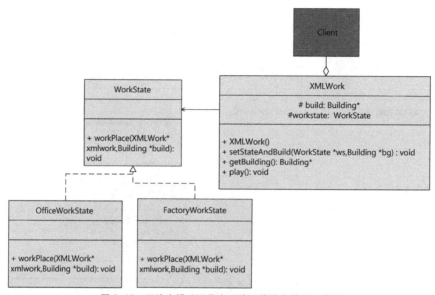

▲图 6-12　用状态模式记录小码路工作状态的 UML 类图

对于图 6-12 所示的小码路的工作状态，解释如下。

（1）工作状态基类 WorkState、研发办公区工作状态派生类 OfficeWorkState、厂房加工区工作状态派生类 FactoryWorkState：两个派生类利用 workPlace(XMLWork* xmlwork, Building *build)方法实现（2）中的 XMLWork 与图 6-11 中的 Building 的对应关系。

（2）小码路工作类 XMLWork：通过 setStateAndBuild(WorkState *ws, Building *bg)方法传入（1）中的工作状态 WorkState 和图 6-11 中的 Building 对象，利用 getBuilding()方法返回办公地点基类对象 Building，play()方法记录小码路一天的工作状态。

（3）客户端 Client：利用状态模式实现小码路在不同办公地点的工作状态。

小码路经营着自己的公司，就像照顾自己的孩子一样，再累也没有任何怨言。经过小码路的努力工作，公司逐渐壮大起来。但同时，小码路也发现了一些问题：研发和生产效率低下。归根结底是因为小码路科技有限责任公司没有一套成熟的商业运行模式。

为了提高公司的整体效率，小码路抽出时间学习了介绍商业模式的课程，该课程主要讲解如何经营一家企业，如何在激烈的竞争中使企业生存下来。小码路把其中的精髓应用到了公司管理中，他给公司的运转设计了一套模板方法，这套商业模板支撑着公司今后的发展。利用模板方法模式实现商业模板的 UML 类图如图 6-13 所示。

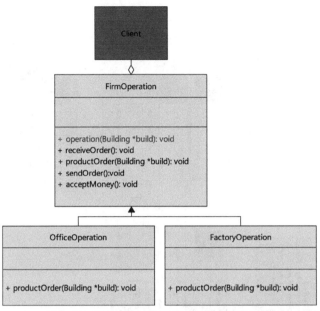

▲图 6-13　用模板方法模式实现商业模板的 UML 类图

小码路对图 6-13 所示的 UML 类图进行了如下说明。

（1）公司运转基类 FirmOperation、研发运转模式派生类 OfficeOperation、厂房运转模式派生类 FactoryOperation：productOrder(Building *build)虚方法实现具体的订单，公共的方法在基类中完成，receiveOrder()方法接收订单，sendOrder()方法发送订单，acceptMoney()方法获取利益，operation()是模板方法模式中的主要方法，实现整个运转模式的流程。

（2）客户端 Client：利用模板方法模式通过 operation()方法，完成订单接收、在具体办公地点加工产品、发送订单、资金回收等一系列方法，以后公司的商业模板就以此为准。

小码路科技有限责任公司经过以上运作与改进，蒸蒸日上，这一切都得益于软件设计模式的组合应用。体会单打独斗的艰辛之后，小码路更加明白了公司管理的重要性。

6.3.3　流程化组合

6.3.2 小节中的设计思路非常详细，完成以上过程需要中介者模式、状态模式和模板方法模式共同发挥作用，将 3 种软件设计模式组合在一起，使小码路科技有限责任公司能正常运转，并且构造的软件架构还便于阅读、维护和扩展。

不同的软件设计模式有各自的优点和缺点，将多种设计模式的优点聚集在一起，形成一个完美的软件架构是程序员思考的关键。根据 6.3.2 小节对小码路科技有限责任公司的拆解说明，将拆解的各个部分进行组合，利用多种设计模式构造的"单打独斗的艰辛"的 UML 类图如图 6-14 所示。

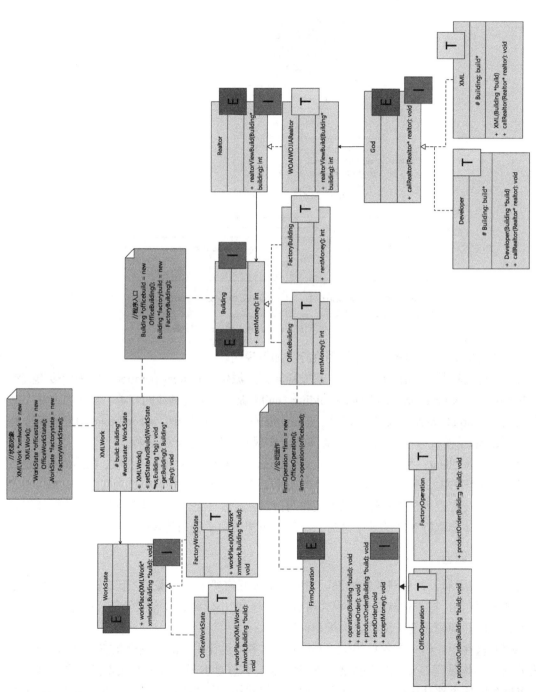

▲图 6-14　多种设计模式组合应用的 UML 类图

图 6-14 详细说明了用多种设计模式组合实现"单打独斗的艰辛"的软件架构，以及各个组成对象和它们的对应关系，图 6-14 也是 6.3.4 小节进行编程的重要参考，小码路对其进行了如下总结。

（1）中介者模式完成办公地点租赁

① 包含 3 种 EIT 造型：其一是办公地点基类 Building、租金虚方法 rentMoney() 分别与研发办公区派生类 OfficeBuilding、厂房加工区派生类 FactoryBuilding 组成的 EIT 造型；其二是房屋中介基类 Realtor、代看房屋方法 realtorViewBuild(Building* building) 与具体房屋中介派生类 WOAIWOJIARealtor 组成的 EIT 造型；其三是基类 God、中介者方法 callRealtor(Realtor* realtor) 分别与开发商对象 Developer、租客小码路对象 XML 组成的 EIT 造型。3 种 EIT 造型通过中介者模式进行组合应用。

② 程序的入口从构造研发办公区派生类 OfficeBuilding、厂房加工区派生类 FactoryBuild 开始，进而传入中介者对象的类方法 realtorViewBuild(Building* building) 被看作中介者对象直接联系的办公地点，同时，中介者对象被基类 God 的类方法 callRealtor(Realtor* realtor) 引用传参，这样一来，开发商对象和租客对象之间没有直接沟通，而是通过中介者对象进行联系。

（2）状态模式记录小码路一天的工作状态

① 工作状态基类 WorkState、基类中的办公地点虚方法 workPlace() 分别与研发办公区工作状态派生类 OfficeWorkState、厂房加工区工作状态派生类 FactoryWorkState 组成 EIT 造型，workPlace(XMLWork* xmlwork, Building *build) 方法确定小码路工作类对象 XMLWork 和办公地点基类对象 Building；小码路工作类对象 XMLWork 中的 Building 对象和 WorkState 对象的成员变量通过 setStateAndBuild(WorkState *ws, Building *bg) 方法赋值，并由 getBuilding() 方法返回 Building 对象，play() 方法是记录小码路一天状态的入口。

② 客户端 Client 按照顺序构造 XMLWork、OfficeWorkState 和 FactoryWorkState 对象，并由①中的成员方法将其联系在一起，最终状态模式用 play() 方法实现。

（3）模板方法模式实现公司的流程化运转

① 公司运转基类 FirmOperation、基类中的生产订单方法 productOrder() 分别与研发运转模式派生类对象 OfficeOperation、厂房运转模式派生类对象 FactoryOperation 组成 EIT 造型，基类中的 operation() 方法指定当前所在的办公区域，接收订单方法 receiveOrder()、生产订单方法 productOrder(Building *build)、发送订单方法 sendOrder()、收取资金方法 acceptMoney() 构成公司运转的标准化流程。

② 公司运转首先应明确当前所在的具体办公地点，构造具体的公司运转对象，不同的对象有不同的运转流程，但都是通过一套标准化模板完成的。

至此，3 种设计模式组合而成的小码路科技有限责任公司运行流程的设计思路和具体步骤已经完成，接下来是对这些步骤的编程实现和开发工作。

6.3.4　流程化编程

根据 6.3.2 小节对"单打独斗的艰辛"项目的思路描述，以及 6.3.3 小节整体框架的设计，下面整合了多种软件设计模式组合完成的开发架构。图 6-14 中详细的程序设计清单以及程序对象是本小节编程的重要参考，下面是完整的编程步骤。

第一步：使用中介者模式租赁办公地点。

```cpp
#include <iostream>
#include <string>
using namespace std;

const int OfficeBuildingRentMoney = 1000000;
const int FactoryBuildingRentMoney = 5000000;

//第一步：小码路科技有限责任公司成立了，需要租办公地点
//@中介者模式

//第二步：租好房后，正式投入使用；由于小码路公司人少，小码路天天都在忙碌
//@状态模式

//第三步：小码路科技有限责任公司正式投入生产了
//@模板方法模式


//中介者模式租房：声明房屋中介
class Realtor;

//研发办公区和厂房加工区两个租赁对象
class Building
{
    public:

        virtual int rentMoney() = 0;
};

class OfficeBuilding:public Building
{
    public:
        int rentMoney()
        {
            return OfficeBuildingRentMoney;
        }
};


class FactoryBuilding:public Building
{
    public:

        int rentMoney()
        {
            return FactoryBuildingRentMoney;
```

```
        }
};

//定义租客小码路或者开发商的接口传递
class God
{
    public:

        virtual void callRealtor(Realtor* realtor) = 0;
};

class Realtor
{
    public:

        virtual int realtorViewBuild(Building* building) = 0;
};

//房屋中介
class WOAIWOJIARealtor:public Realtor
{
    public:

        int realtorViewBuild(Building* building)
        {
            return building->rentMoney();
        }
};

class Developer:public God
{
    public:

        Developer(Building *build)
        {
            this->build = build;
        }
        void callRealtor(Realtor* realtor)
        {
            cout<<"开发商向房屋中介报价： "<<endl;
            cout<<realtor->realtorViewBuild(build)<<endl;
        }
    protected:

        Building *build;
};

class XML:public God
{
    public:

        XML(Building *build)
        {
            this->build = build;
```

```
        }
        void callRealtor(Realtor* realtor)
        {
            cout<<"中介向小码路报价： "<<endl;
            cout<<realtor->realtorViewBuild(build)<<endl;
        }
    protected:

        Building *build;
};
```

第二步：用状态模式记录小码路的一天。

```
//状态模式：小码路要么在厂房加工区，要么在研发办公区
class XMLWork;

class WorkState
{
    public:

        virtual void workPlace(XMLWork* xmlwork,Building *build) = 0;
};


class OfficeWorkState:public WorkState
{
    public:

        void workPlace(XMLWork* xmlwork,Building *build);
};

class FactoryWorkState:public WorkState
{
    public:

        void workPlace(XMLWork* xmlwork,Building *build);
};


class XMLWork
{
    public:

        XMLWork()
        {
            this->workstate = new OfficeWorkState;
        }

        void setStateAndBuild(WorkState *ws,Building *bg)
        {
            this->workstate = ws;
            this->build = bg;
        }
        Building *getBuilding()
```

```
        {
            return build;
        }

        void play()
        {
            workstate->workPlace(this,build);
        }

    protected:

        Building *build;

        WorkState *workstate;
};


void OfficeWorkState::workPlace(XMLWork* xmlwork,Building *build)
{
    if(xmlwork->getBuilding() == build)
    {
        cout<<"小码路董事长在研发办公区工作呢"<<endl;
    }
    else
    {
        xmlwork->setStateAndBuild(new FactoryWorkState(),
                new FactoryBuilding());
        xmlwork->play();
    }
}

void FactoryWorkState::workPlace(XMLWork* xmlwork,Building *build)
{
    if(xmlwork->getBuilding() == build)
    {
        cout<<"小码路董事长在厂房加工区工作呢"<<endl;
    }
    else
    {
        xmlwork->setStateAndBuild(new OfficeWorkState(),
                new OfficeBuilding());
        xmlwork->play();
    }
}
```

第三步：用模板方法模式规范公司的运转流程。

```
//模板方法模式：公司投入生产
class FirmOperation
{
    public:

        void receiveOrder()
        {
```

```
            cout<<"公司商务接到订单"<<endl;
        }

        //进行研发和加工
        virtual void productOrder(Building *build) = 0;

        void sendOrder()
        {
            cout<<"公司发出订单"<<endl;
        }

        void acceptMoney()
        {
            cout<<"公司结算订单的费用"<<endl;
        }
        //模板方法
        void operation(Building *build);
};

class OfficeOperation: public FirmOperation
{
    public:
        void productOrder(Building *build)
        {
            if(build->rentMoney() == OfficeBuildingRentMoney)
            {
                cout<<"办公室研发人员开始研发工作"<<endl;
            }
            else
            {
                cout<<"研发报错!"<<endl;
            }

        }
};

class FactoryOperation: public FirmOperation
{
    public:

        void productOrder(Building *build)
        {
            if(build->rentMoney() == FactoryBuildingRentMoney)
            {
                cout<<"厂房操作人员开始加工组装工作"<<endl;
            }
            else
            {
                cout<<"加工组装报错!"<<endl;
            }

        }
};
```

```
void FirmOperation::operation(Building *build)
{
    this->receiveOrder();
    this->productOrder(build);
    if(build->rentMoney() == OfficeBuildingRentMoney)
    {
        FirmOperation *factory = new FactoryOperation();
        factory->productOrder(new FactoryBuilding());
    }
    this->sendOrder();
    this->acceptMoney();
}
```

第四步： 客户端代码测试。

```
int main()
{
    //第一步：租房
    Building *officebuild = new OfficeBuilding();
    Building *factorybuild = new FactoryBuilding();

    Realtor *realtor = new WOAIWOJIARealtor();

    God *officedeveloper = new Developer(officebuild);
    officedeveloper->callRealtor(realtor);

    God *xml_office = new XML(officebuild);
    xml_office->callRealtor(realtor);

    cout<<"小码路科技有限责任公司办公楼租赁完毕！"<<endl;

    God *factorydeveloper = new Developer(factorybuild);
    factorydeveloper->callRealtor(realtor);

    God *xml_factory = new XML(factorybuild);
    xml_factory->callRealtor(realtor);

    cout<<"小码路科技有限责任公司厂房租赁完毕！"<<endl;

    //第二步：小码路一天忙里忙外的状态
    XMLWork *xmlwork = new XMLWork();
    WorkState *officestate = new OfficeWorkState();
    WorkState *factorystate = new FactoryWorkState();

    //办公楼办公
    xmlwork->setStateAndBuild(officestate,officebuild);
    xmlwork->play();
    //厂房办公
    xmlwork->setStateAndBuild(factorystate,factorybuild);
    xmlwork->play();
    cout<<"小码路工作状态结束！"<<endl;


    //第三步：公司运作流程
    FirmOperation *firm = new OfficeOperation();
```

```
        firm->operation(officebuild);

        cout<<"小码路科技有限责任公司流程结束！"<<endl;
        delete officebuild;
        delete factorybuild;
        delete realtor;
        delete officedeveloper;
        delete factorydeveloper;
        delete xml_office;
        delete xml_factory;
        delete xmlwork;
        delete officestate;
        delete factorystate;
        delete firm;
        return 0;
}
```

结果显示：

开发商向房屋中介报价：

1000000

中介向小码路报价：

1000000

小码路科技有限责任公司办公楼租赁完毕！

开发商向房屋中介报价：

5000000

中介向小码路报价：

5000000

小码路科技有限责任公司厂房租赁完毕！

小码路董事长在研发办公区工作呢

小码路董事长在厂房加工区工作呢

小码路工作状态结束！

公司商务接到订单

办公室研发人员开始研发工作

厂房操作人员开始加工组装工作

公司发出订单

公司结算订单的费用

小码路科技有限责任公司流程结束！

6.3.5　思考

程序设计中什么时候会出现类的不完整定义这个错误？该如何避免？

小码路科技有限责任公司如果想要与大不点科技有限责任公司进行合并，请用结构型设计模式中的组合模式在现有的框架上完成程序设计。

6.3.6　小结

本节在 6.2 节"产品上线后的创业故事"的基础上，讲述了小码路"单打独斗的艰辛"，实现了"小码路科技有限责任公司流程化运转"。本节首先说明了小码路科技有限责任公司独立经营后举步维艰，面临地址选择、公司经营等一系列问题；然后思考使用多种设计模式解决以上问题（用中介者模式完成办公地点租赁，用状态模式记录小码路的一整天，用模板方法模式实现公司的流程化运转）；接着将 3 种设计模式组合构成图 6-14 中完整的软件架构，并对其进行详细说明；最后根据设计思路和步骤进行分步骤编程，一步步实现多种软件设计模式的组合应用。

6.4　总结

本章的主要思想是"多种软件设计模式的组合应用"，在六大设计原则和 23 种设计模式的基础上，通过其中 3 种或者 3 种以上设计模式的组合应用，完成整个大型项目构造。本章以主人公小码路和大不点封闭开发为引线，讲述了"封闭开发中的成果""产品上线后的创业故事""单打独斗的艰辛"三大故事，每个故事由背景、拆解、组合、编程、思考和小结组成。在每一节中组合应用多种设计模式，带领读者一步步完成项目的开发。

"封闭开发中的成果"一节中以"聊天登录系统"的设计需求为背景，以小码路和大不点封闭开发中的讨论为思路，利用第 3 章创建型设计模式中的单例模式创建了聊天登录管理类，软件生命周期仅此一个实例对象，节省了内存开销；利用第 5 章行为型设计模式中的责任链模式进行登录方式的选择策略设计，实现了多种方式按顺序验证登录的功能，防止一种登录方式失败，无法选择其余登录方式；利用第 3 章创建型设计模式中的工厂方法模式完成登录用户类的设计，方便选择多个登录用户。该项目运用开闭原则、单例模式、责任链模式和工厂方法模式组合实现"聊天登录系统"的软件设计，为后续"产品上线后的创业故事"一节做铺垫。

"产品上线后的创业故事"一节中以"科技公司产业链"的设计需求为背景，小码路和大不点分别成立科技公司，进行联合创业，以生产对应品牌产品为目标，利用第 3 章创建型设计模式中的单例模式构造科技公司和代理商对象，对象的唯一构造避免了多次创建对象的内存开销；利用第 3 章创建型设计模式中的原型模式实现科技公司和代理商之间的通信设计，原型模式的复制操作避免了多次"new"一个对象的内存消耗；利用第 3 章创建型设计模式中的抽象工厂模式完成小码路科技有限责任公司生产小码路品牌手机、大不点科技有限责任公司生产大不点品牌手机的设计，使科技公司和品牌产品一一对应，结构清晰；利用第 3 章创建型设计模式中的建造者模式实现客户订单信息的统计，实现一个对外方法完成多个对象的组装；利用第 4 章结构型设计模式中的代理模式完成快递公司对订单进行发货的过程，达到代理对象与真实对象统一接口的目的。该项目运用单例模式、原型模式、抽象工厂模式、建造者模式和代理模式组合实现"科技公司产业链"的软件设计，为后续"单打独斗的艰辛"一节埋下伏笔。

　　"单打独斗的艰辛"一节中以"小码路科技有限责任公司独自经营"的设计需求为背景，以流程化运转为目标，利用第 5 章行为型设计模式中的中介者模式完成小码路科技有限责任公司的选址，挑选出研发办公区和厂房加工区，避免了开发商与租客小码路的直接接触；利用第 5 章行为型设计模式中的状态模式记录了董事长小码路一整天繁忙的工作状态，省去了多余的状态逻辑判断，避免了臃肿的状态选择逻辑；利用第 5 章模板方法模式完整地说明了小码路科技有限责任公司的标准化运作流程——下单、生产、发货、收取资金，标准化的流程设计在基类实现了代码的复用。该项目运用中介者模式、状态模式、模板方法模式组合实现了软件设计。

　　至此，我们完成了本章设计模式综合案例的完整开发与学习。

　　为方便读者记忆和在工程实践中应用多种设计模式，下面对本章的 3 个项目进行总结，如表 6-1 所示。该表的目的是希望读者在今后参与、主导、重构重大项目时，可以进行事前梳理、细节拆分，进而完成组合设计。

表 6-1　设计模式三大综合案例的总结

项目名称	应用模式	应用需求	应用目的
封闭开发中的成果	单例模式	设计登录管理对象	唯一实例节省内存
	责任链模式	实现登录方式策略	多种登录方式按顺序验证
	工厂方法模式	完成登录用户开发	便于扩展用户对象
产品上线后的创业故事	单例模式	唯一的代理商对象	全局构造一次
	原型模式	公司与代理商之间通信	复制对象避免增大开销
	抽象工厂模式	公司生产品牌手机	工厂与产品一一对应
	建造者模式	记录客户订单信息	一个对外接口包装订单详细信息
	代理模式	快递公司按订单发货	解耦快递公司与客户之间的关系
单打独斗的艰辛	中介者模式	办公地点的租赁	房屋中介的作用
	状态模式	记录小码路的工作状态	封装选择状态对象
	模板方法模式	标准化公司运转流程	公共操作的复用

　　至此，我们已经完整学习了关于设计模式的基本理论基础知识、六大设计原则、六大创建型设计模式、七大结构型设计模式、十大行为型设计模式和三大综合案例，掩卷沉思，软件设计模式在项目开发中不可或缺，是初级程序员向高级程序员、架构师迈进的必备技能。相信通过本书的学习，读者能为今后长远的编程之路打下坚实的基础和获得丰富的技能储备。

参考文献

［1］程杰．大话设计模式[M]．北京：清华大学出版社，2007.

［2］何红辉，关爱民．Android 源码设计模式解析与实战[M]．北京：人民邮电出版社，2015.

［3］张容铭．JavaScript 设计模式[M]．北京：人民邮电出版社，2015.